World-wide Problems of Nutrition Research and Nutrition Education

Weltweite Probleme der
Ernährungsforschung und Ernährungsaufklärung

# Bibliotheca Nutritio et Dieta

No. 32

Series Editor
*J. C. Somogyi*, Rüschlikon-Zürich

S. Karger · Basel · München · Paris · London · New York · Sydney

Contribution of the International Foundation for the
Promotion of Nutrition Research and Nutrition Education

# World-wide Problems of Nutrition Research and Nutrition Education

## Weltweite Probleme der Ernährungsforschung und Ernährungsaufklärung

Volume Editors
*J. C. Somogyi*, Rüschlikon-Zürich and *D. Hötzel*, Bonn

17 figures and 28 tables, 1983

S. Karger · Basel · München · Paris · London · New York · Sydney

Bibliotheca Nutritio et Dieta, No. 32

No. 30: Nutritional Deficiencies in Industrialized Countries
Somogyi, J.C., Rüschlikon-Zürich and Varela, G., Madrid (eds.)
VIII+172 p., 42 fig., 66 tab., 1981. ISBN 3-8055-1994-X
No. 31: Nutrition in Early Childhood and Its Effects in Later Life
Somogyi, J.C., Rüschlikon-Zürich and Haenel, H., Bergholz-Rehbrücke (eds.)
VIII+144 p., 46 fig., 18 tab., 1982. ISBN 3-8055-3527-9

National Library of Medicine, Cataloging in Publication
World-wide problems of nutrition research and nutrition education = Weltweite Probleme der Ernährungsforschung und Ernährungsaufklärung /
volume editors, J.C. Somogyi and D. Hötzel. -- Basel; New York: Karger, 1983.
(Bibliotheca nutritio et dieta; no. 32)
At head of title: Contribution of the International Foundation for the Promotion of Nutrition Research and Nutrition Education.
Text in English, German, or French.
1. Nutrition 2. Nutrition – education I. Hötzel, D. (Dieter) II. Somogyi, J.C. (Johann Carl)
III. International Foundation for the Promotion of Nutrition Research and Nutrition Education.
IV. Title V. Title: Weltweite Probleme der Ernährungsforschung und Ernährungsaufklärung
VI. Series
W1 BI422 no. 32 [QU 145 W928]
ISBN 3-8055-3586-4

Drug Dosage

The author and publisher have exerted every effort to ensure that drug selection and dosage set forth in this text are in accord with current recommendations and practice at the time of publication. However, in view of ongoing research, changes in government regulations, and the constant flow of information relating to drug therapy and drug reactions, the reader is urged to check the package insert for each drug for any change in indications and dosage and for added warnings and precautions. This is particularly important when the recommended agent is a new and/or infrequently employed drug.


Printed in Switzerland by Tanner & Bosshardt AG, Basel
ISBN 3-8055-3586-4

# Index

# Foreword

On the occasion of the establishment of the International Foundation for the Promotion of Nutrition Research and Nutrition Education (ISFE), a symposium on 'World-Wide Problems of Nutrition Research and Nutrition Education' was held in Lucerne, connected with the inauguration ceremony.

This volume contains the lectures given at the symposium. According to theme, these papers can be divided into two groups. Four contributions deal with the status of nutrition education in various countries, and three focus on current problems in nutrition research.

The contributions covering nutrition education point out how important it is to inform the general public on nutrition not only from the point of view of public health, but also of national economics. Prof. *Stare* (Boston) describes nutrition education of the public by mass media in the USA and Prof. *Kübler* (Giessen) discusses the objectives and means of nutrition information in Germany. The important question of how to improve food habits in rapidly changing societies is dealt with by Prof. *Fidanza* (Perugia). Prof. *François* reports on past and present achievements of nutrition education in France.

The second part includes excellent contributions dealing with the relationship between nutrition and atherosclerosis, with the biological as well as biochemical causes of obesity, and the importance of proteins in nutrition (Prof. *Schlierf*, Prof. *Hötzel*, and Prof. *Bender*).

At the inauguration ceremony, representatives of the authorities, scientific organizations and foundations from several countries took part. Dr. *U. Frey*, director of the Federal Office of Health in Bern, brought the greetings of the Swiss Federal Government. Dr. *H. Scholz*, ministerial director of the Federal Ministry of Nutrition, Agriculture, and Forestry in Bonn, president of AID, and Prof. *Buzina*, Zagreb, president of the International Union of Nutritional Sciences, gave speeches as well. Further addresses were delivered by Prof. *Bickel*, president of the Swiss Society for Nutrition Research, Prof. *Auerswald*, president of the Austrian Society for Nutrition Research, Dr. *Turner*, director general of the British Nutrition Foundation, and Mrs. *Rollander-Chilò*, secretary general of the Nutrition Foundation of Italy. Mr. *R. von der Becke*, director general of AMC International AG, representative of the sponsoring company, gave an outstanding report on the role of industry in nutrition education.

Several of these speeches and official addresses were submitted to us and are now published in this volume.

Finally, I would like to express my deep appreciation, also on behalf of the Foundation Board, to all those who contributed to the success of this meeting.

Rüschlikon, August 1982

Prof. J.C. Somogyi
President of the Foundation
Board of ISFE

# Vorwort

Aus Anlass der Gründung der Internationalen Stiftung für Ernährungsforschung und Ernährungsaufklärung fand ein Symposium «Weltweite Probleme der Ernährungsforschung und Ernährungsaufklärung» verbunden mit einer Festveranstaltung in Luzern statt.

Die Vorträge, welche an diesem Symposium gehalten wurden, sind in dem vorliegenden Band enthalten. Die Beiträge lassen sich thematisch in zwei Gruppen teilen. Vier Arbeiten befassen sich mit dem Stand der Ernährungsaufklärung in verschiedenen Ländern und drei behandeln aktuelle Probleme der Ernährungsforschung.

Die Beiträge über Ernährungsaufklärung weisen auf die grosse Bedeutung hin, die eine breitangelegte Ernährungsinformation, nicht nur vom Standpunkt der Volksgesundheit, sondern auch der Volkswirtschaft, hat. Prof. *Stare*, Boston, befasst sich mit der Frage der Ernährungsaufklärung durch die Massenmedien in den USA und Prof. *Kübler*, Giessen, mit den Zielen der Ernährungsinformation in Deutschland. Die wichtige Frage, wie sich falsche Ernährungsgewohnheiten verbessern lassen, behandelt Prof. *Fidanza*, Perugia; Prof. *François* berichtet in seinem Beitrag über die bisherigen Ergebnisse der Ernährungsaufklärung in Frankreich.

Im zweiten Teil werden der Zusammenhang zwischen Ernährung und Atherosklerose, die biologischen bzw. biochemischen Ursachen der Fettsucht sowie die Wichtigkeit der Eiweisse in der Ernährung ausgezeichnet besprochen (Prof. *Schlierf*, Prof. *Hötzel*, Prof. *Bender*).

Am Festakt haben Vertreter der Behörden und von ernährungswissenschaftlichen Gesellschaften und Stiftungen das Wort ergriffen: so Dr. *U. Frey*, Bern, Direktor des Bundesamtes für Gesundheit, der die Grüsse des schweizerischen Bundesrates überbrachte, Ministerialdirektor Dr. *H. Scholz*, Bonn, vom Bundesministerium für Ernährung, Landwirtschaft und Forsten, Präsident des AID, und Prof. *Buzina*, Zagreb, Präsident der International Union of Nutritional Sciences. Ferner wurden folgende Grussbotschaften überbracht: von Prof. *Bickel*, Präsident der Schweizerischen Gesellschaft für Ernährungsforschung, Prof. *Auerswald*, Präsident der Österreichischen Gesellschaft für Ernährungsforschung, Dr. *Turner*, London, Generaldirektor der British Nutrition Foundation, und von Frau *Rollander-Chilò*, Generalsekretärin der Nutrition Foundation of Italy. Last but not least: Herr *R. von der Becke*, Generaldirektor der AMC International AG, Vertreter der Stifterfirma, berichtete in einem ausgezeichneten Referat über die Rolle der Industrie in der Ernährungsaufklärung.

Einige dieser Ansprachen bzw. Grussbotschaften wurden uns zur Verfügung gestellt und sind ebenfalls in diesem Band veröffentlicht.

Zum Schluss möchte ich, auch im Namen des Stiftungsrates, allen danken, die zum Erfolg dieser Tagung beigetragen haben.

Rüschlikon, August 1982

Prof. J.C. Somogyi
Präsident des Stiftungsrates
der ISFE

# Ansprache von Herrn Dr. H. Scholz, Ministerialdirektor, Bundesministerium für Ernährung, Landwirtschaft und Forsten, Bonn und Präsident der AID

*Aus Anlass der Gründung der Internationalen Stiftung zur Förderung der Ernährungsforschung und Ernährungsaufklärung*

Meine sehr verehrten Damen, meine Herren,
Gerne bin ich Ihrer Einladung zur Gründung der Internationalen Stiftung zur Förderung der Ernährungsforschung und Ernährungsaufklärung gefolgt.

Prof. *Maier-Leibnitz*, der langjährige Präsident der Deutschen Forschungsgemeinschaft, hat in einem seiner Rechenschaftsberichte einmal gesagt, in der Bundesrepublik Deutschland sei die Forschung wohl in die Breite, nicht aber in die Tiefe gewachsen. Seine Auffassung wird von vielen Wissenschaftlern und auch Wissenschaftspolitikern geteilt. Trifft sie auch für die Ernährungsforschung, die im Mittelpunkt der heutigen Veranstaltung steht, zu? Ganz sicher ist, dass die Ernährungsforschung ein sehr wichtiger Forschungszweig ist. Wenn ich aus meinem Arbeitsbereich, der auch die landwirtschaftliche Erzeugung umfasst, diese Probleme anschaue, habe ich allerdings manchmal den Eindruck – humorvoll ausgedrückt: Wir wissen sehr viel über die Tierernährung, aber zu wenig über die menschliche Ernährung.

Lassen Sie mich nun ganz kurz etwas zu den Zielen der Ernährungspolitik sagen, weil das auch für die Ernährungsforschung ein Ausgangspunkt ist. Die Hauptziele sind:

1. Ausreichende und gleichmässige Versorgung der Verbraucher mit qualitativ hochwertigen Nahrungsgütern zu angemessenen Preisen und
2. physiologisch richtige Ernährung des Menschen.

Der Ernährungsforscher wird sich zweifellos vor allem für das 2. Hauptziel, die physiologisch richtige Ernährung, interessieren. Wissen wir, was «physiologisch richtig» ist? Kennen wir den Bedarf an Vitaminen und Spurenelementen genau? Gibt es fundierte Aussagen über den Einfluss der verschiedenen Faktoren wie Alter, Geschlecht, Lebensweise und Ernährungszustand auf den wirklichen Bedarf? Ist der Weg unserer Nährstoffe im Stoffwechsel, das Schicksal der Begleitsubstanzen, die Wirkung der Schadstoffe auf den Organismus in vollem Umfang bekannt? Zumindest in einer breiten Öffentlichkeit sind die Kenntnisse nicht ausreichend. Wären sie es, würden Patentrezepte, Wunderdiäten und der Ernährungs-Aberglaube nicht die heute übliche Resonanz in unseren Medien finden. Ernährungsforschung und richtige Ernährungsaufklärung können jedenfalls positive Auswirkungen auf das Wohlergehen der Bürger haben.

Sorge macht uns in den Industrieländern vor allem die Überernährung. Erkrankungen, die auf überhöhte Nahrungszufuhr zurückgehen und nicht selten zu frühzeitigem Tod führen, treten in der Bundesrepublik Deutschland in erschreckend hoher Anzahl auf. Der im Abstand von jeweils 4 Jahren im Auftrag des Bundesministeriums für Jugend, Familie und Gesundheit und meines Ministeriums von der Deutschen Gesellschaft für Ernährung herausgegebene Ernährungsbericht gibt hierzu einen sehr eindrucksvollen Überblick. Auch der Schweizer Ernährungsbericht kommt in voller Übereinstimmung mit der Deutschen Gesellschaft für Ernährung zu dem Fazit: «Das Problem Nummer 1 heisst auch in der Schweiz Überernährung.» Diese Entwicklung führt nicht nur zu schwerwiegenden, oft auch tragischen Konsequenzen für die betroffenen Personen und ihre Familien, sondern auch zu sehr hohen Belastungen der Volkswirtschaft. Zwar ist es sehr schwer, die durch ernährungsbedingte Erkrankungen verursachten Kosten exakt zu erfassen, wir wissen aber aus entsprechenden Schätzungen, dass wir Jahr für Jahr eine Summe von vielen Milliarden Mark in der Bundesrepublik Deutschland für diesen Bereich aufwenden müssen.

Meine Damen und Herren, der politische Auftrag, das Wohlergehen der Bürger zu verfolgen, zwingt gerade bei der Ernährung zu intensiven Anstrengungen. Der enger werdende finanzielle Spielraum in vielen Ländern macht diesen Auftrag nur noch dringlicher. Was kann getan werden? An erster Stelle ist der Verbraucher hier selbst aufgerufen, sein Verhalten zu ändern. Hierfür braucht er jedoch Hilfestellung in vielfältiger Form. Auf wissenschaftlichen Erkenntnissen fussende Informationen sind eine unerlässliche Voraussetzung. Die Aufgabe insgesamt ist aber komplizierter als man denkt. Viele der Betroffenen, viele Übergewichtige sind von unseren Aufklärungsaktionen schon erreicht worden. Oft wurde die Botschaft nicht verstanden oder sie vermochte den Adressaten nicht zur Änderung seines Verhaltens zu motivieren. Dr. *Volker Pudel*, zuständiger Kapitel-Autor im Ernährungsbericht 1980, formulierte es einmal so: «Gesagt ist nicht gehört, gehört ist nicht verstanden, verstanden ist nicht überzeugt, überzeugt ist nicht gehandelt.»

Erst wenn der Verbraucher die gegebenen Empfehlungen akzeptiert und auch danach *handelt*, haben wir das Ziel erreicht. In vielen Ländern wird an der Ausgestaltung der motivierenden Verbraucherinformation gearbeitet. Wir haben Misserfolge erlebt, aber auch ermutigende Anzeichen von möglichen Verbesserungen gesehen. Notwendig ist jetzt die enge Kooperation und der intensive Gedankenaustausch, um den Weg in die Zukunft möglichst effizient zu gestalten. Die Stiftung, zu deren Gründungsveranstaltung wir heute zusammengekommen sind, kann hierbei wertvolle Hilfe leisten. Von der heutigen Vortragstagung erhoffe ich viele Anregungen für unsere Arbeit. Der Stiftung wünsche ich eine erfolgreiche Zukunft.

# Grussbotschaft der Schweizerischen Gesellschaft für Ernährungsforschung (SGE)

Sehr geehrter Herr Prof. Somogyi, sehr geehrter Stiftungsrat,
meine Damen und Herren,

Ich freue mich, Ihnen die Grüsse der Schweizerischen Gesellschaft für Ernährungsforschung zu überbringen. Ihre Stiftung und unsere Gesellschaft haben den Begriff der Ernährungsforschung gemeinsam. Wo ist die Ernährungsforschung in die Familie der Wissenschaften einzugliedern? Sie wird von manchen als selbständige Fachdisziplin, die für das physiologische Geschehen im Menschen von zentraler Bedeutung ist, angesehen. Es gibt aber auch andere Auffassungen: Die Ernährungsforschung sei nur innerhalb etablierter Wissenschaften sinnvoll, wenn es darum geht, einzelne Aspekte der Physiologie, der Pathologie, der Biochemie, der Endokrinologie, der Gastroenterologie, der Mikrobiologie, der Epidemiologie und allenfalls der Psychologie und was der «Logien» noch mehr sind, zu betrachten. Wer hat recht? Ist nun die Ernährungsforschung eine selbständige wissenschaftliche Disziplin oder ist sie es nicht? Wir sollten uns über diese Frage nicht den Kopf zerbrechen. Wenn der Spezialist gleich welcher Wissenschaftsdisziplin einen Vorgang im Zusammenhang mit der Ernährung von Mensch oder Tier erforscht, und wenn das Denken dieses Forschers auf einer rationalen Wissenschaftlichkeit beruht, dann gehört das meines Erachtens zur Ernährungsforschung, die Sie und wir fördern wollen. Durch die Ernährungsforschung werden Erkenntnisse aus Spezialdisziplinen in den Zusammenhang einer der wichtigsten Lebensvorgänge gestellt. Das wiederum ist die Voraussetzung für die Ernährungsaufklärung, die sich Ihre Stiftung ebenfalls zum Ziel gesetzt hat.

Meine Damen und Herren des Stiftungsrates, sehr geschätzte Anwesende, möge Ihre Stiftung die Ernährungsforschung im Sinne einer richtig verstandenen Vielseitigkeit nicht nur finanziell, sondern auch ideell unterstützen. Die Ernährungsforscher werden Ihnen Dank wissen.

Luzern, 3. Juli 1981

H. Bickel
Präsident der SGE

# Grussbotschaft der Österreichischen Gesellschaft für Ernährungsforschung (ÖGE)

Die Österreichische Gesellschaft für Ernährungsforschung entbietet der «Internationalen Stiftung zur Förderung der Ernährungsforschung und Ernährungsaufklärung» die besten Wünsche zum Tag, an welchem diese sich der Öffentlichkeit mit einem festlichen Fachsymposium vorstellt. Möge die Stiftung dazu beitragen, das Wissen um den gesundheitsfördernden und prophylaktischen Wert richtiger Ernährung zu verbreiten. Möge sie insbesondere die Bemühungen um eine wirkungsvolle Ernährungsberatung unterstützen. Darüber hinaus soll der Erwartung und Hoffnung Ausdruck verliehen werden, dass die neugegründete Stiftung sich auch dafür einsetzt, die materielle Grundlage für eine effiziente Forschung auf dem Gebiet der Ernährung zu verbreitern. So, wie es die Gründungsveranstaltung demonstriert, möge die Stiftung auch in Zukunft eine Gesprächsplattform für die massgebenden Ernährungsforscher bieten, wann immer aktuelle Probleme der Ernährungswissenschaft internationale Kontakte notwendig machen.

Luzern, 3. Juli 1981

W. Auerswald
Präsident der ÖGE

# Greetings from the British Nutrition Foundation

I am very disappointed that I am not able to attend in person on this important day. I should like to congratulate all those concerned in the establishment in Switzerland of the new International Foundation for the Promotion of Nutrition Research and Nutrition Education.

As many of you may know, the British Nutrition Foundation is committed to a programme of Nutrition Education, Information and Research. We regard it as essential that all of our work be based on serious scientific and medical studies. We have learnt from experience the importance of publishing balanced authoritative statements on nutrition at all levels. In a number of different ways we work particularly closely with the media, the various health care professions, the education profession, universities and research institutes, industry and government. Each year we hold an Annual Conference and a number of colloquia, and publish regularly Conference Proceedings, a Nutrition Bulletin, a Newsletter, an International Newsletter and, from time to time, we publish also Briefing Papers on key topics and special reports and monographs. We are in the first stages of a Research Programme to investigate particularly determinants of food choice and eating behaviour.

The British Nutrition Foundation wishes every success to the new International Foundation in Switzerland and we express the hope and desire that there will be regular and fruitful contact between our two organisations and also with the already existing Swiss Nutrition Foundation and similar organisations in other countries.

June 25, 1981

Michael R. Turner
Director-General of the
British Nutrition Foundation

Biblthca Nutr. Dieta, No. 32, pp. 1–11 (Karger, Basel 1983)

# Aktuelle Probleme der Ernährungsforschung und Ernährungsaufklärung[1]

*J. C. Somogyi*

Institut für Sozial- und Präventivmedizin, Universität Zürich, Schweiz

Es ist eine ganze Reihe von Krankheiten bekannt, bei deren Pathogenese die Ernährung eine wesentliche Rolle spielt oder deren Entstehung durch eine falsche Ernährungsweise begünstigt wird. Es sei insbesondere erinnert an Atherosklerose, Übergewicht, Zahnkaries oder an die Eiweissmangelkrankheit Kwaschiorkor, von welcher die Bevölkerung, insbesondere Kleinkinder, in Entwicklungsländern schwer betroffen ist – um nur die wichtigsten zu nennen.

Dass sich die Ernährungsforschung dieser Fragen besonders annimmt, überrascht nicht, wenn wir bedenken, welche enorme Auswirkungen diese Krankheiten auf Volksgesundheit und Volkswirtschaft haben. So weist die *Atherosklerose* eine sehr hohe Sterblichkeitsrate auf – in der Schweiz etwa 36% aller Todesfälle bei Männern im Alter von 50–57 Jahren, d.h. zweimal höher als die der Krebskrankheiten mit 18%. Ähnlich dürfte die Situation auch in anderen industrialisierten Ländern sein. Welche Ernährungs- und andere Faktoren bei der Entstehung der Arterienverkalkung von Bedeutung sind und welche Änderungen bei der Ernährung vorgenommen werden sollten, um das Risiko einer Erkrankung an Atherosklerose zu verringern bzw. dieser vorzubeugen, ist in der Arbeit von *Schlierf* [in diesem Band] beschrieben.

Ein anderes sehr wichtiges gesundheitliches Problem stellt das *Übergewicht*, die *Fettsucht*, dar. Es ist einer der am weitesten verbreiteten Ernährungsschäden in den industrialisierten Ländern. So sind z.B. in der Schweiz gemäss zuverlässigen Schätzungen 33% aller über 35jährigen Personen und

[1] Einleitendes Referat.

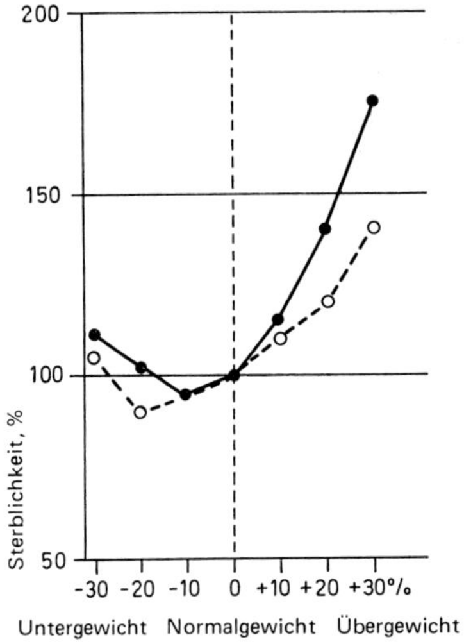


*Abb. 1.* Zusammenhang zwischen Übergewicht und Sterblichkeit nach USA-Statistiken (- - - - -) und Erhebungen in der DDR (——).

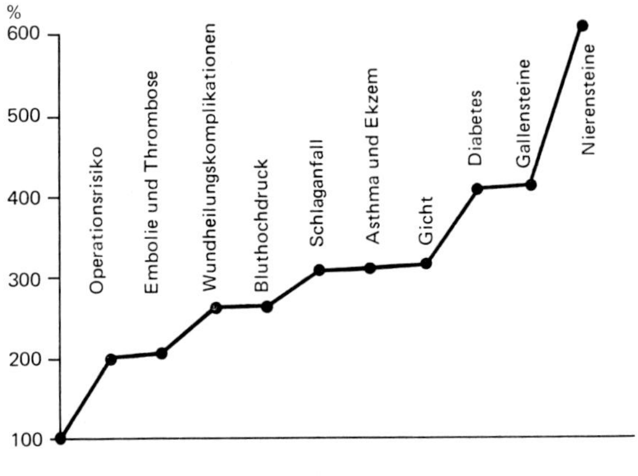


*Abb. 2.* Erkrankungsrisiko Fettleibiger in Prozent (Durchschnittsmorbidität = 100).

in der Bundesrepublik Deutschland nach den neuesten Erhebungen 37–40% der Bevölkerung über 40 Jahren übergewichtig.

Die Lebenserwartung eines Fettleibigen ist bedeutend geringer als diejenige eines Menschen mit normalem Gewicht. Dies geht sowohl aus den Untersuchungen *amerikanischer Lebensversicherungsgesellschaften* [1] als auch aus der Arbeit von *Vetter* [2], die sich auf Erhebungen in der DDR stützt, hervor (Abb. 1).

Adipositas spielt auch bei der Pathogenese vieler Krankheiten – oft

*Tabelle I.* Eiweissverbrauch (g/Kopf/Tag) in OECD-Ländern 1975 [aus Ref. 3]

| Land | Pflanzliches Eiweiss | Tierisches Eiweiss | Total |
|---|---|---|---|
| Belgien/Luxemburg | 36,4 | 60,1 | 96,5 |
| Dänemark | 25,6 | 63,2 | 88,8 |
| Deutschland | 29,3 | 58,5 | 87,8 |
| England | 33,0 | 55,4 | 88,4 |
| Finnland | 29,3 | 64,0 | 93,3 |
| Frankreich | 35,5 | 69,5 | 105,0 |
| Irland | 39,2 | 68,1 | 107,3 |
| Italien | 53,5 | 49,5 | 103,0 |
| Japan | 47,5 | 33,3 | 80,8 |
| Jugoslawien | 65,3 | 36,0 | 101,3 |
| Kanada | 34,2 | 63,8 | 98,0 |
| Neuseeland | 34,3 | 74,7 | 109,0 |
| Niederlande | 32,1 | 59,1 | 91,2 |
| Norwegen | 30,0 | 57,6 | 87,6 |
| Österreich | 32,6 | 54,5 | 87,1 |
| Portugal | 51,1 | 38,4 | 89,5 |
| Schweden | 26,1 | 68,7 | 94,8 |
| Schweiz | 31,3 | 58,0 | 89,3 |
| Spanien | 44,5 | 51,2 | 95,7 |
| USA | 30,5 | 72,3 | 102,8 |

Zivilisationskrankheiten genannt – eine Rolle. So ist z.B. Herzinfarkt bei Fettleibigen dreimal häufiger und die Sterblichkeit zweimal grösser als bei Normalgewichtigen. 85% aller Zuckerkranken weisen Übergewicht auf. Aber auch viele andere Krankheiten (Abb. 2), wie beispielsweise alle Formen der Atherosklerose, Gicht, Cholelithiasis, Arthrosen sowie postoperative Komplikationen usw., werden durch Übergewicht begünstigt oder ausgelöst [2].

Wenn wir die enormen Kosten der heutigen Spitalbehandlung bedenken – in der Schweiz beispielsweise haben sie in den letzten 30 Jahren um rund 600% zugenommen –, wird uns die grosse volkswirtschaftliche Bedeutung der Fettsucht klar.

Die *Eiweisszufuhr* ist in den industrialisierten Ländern eher reichlich (Tab. I) [3]. In vielen Entwicklungsländern dagegen besteht oft ein empfindlicher Eiweissmangel, was nicht selten mit einer Unterversorgung an Energie (Protein-calorie-malnutrition) verbunden ist. In diesem Zusammenhang sei auf die spezielle Bedeutung der Eiweisse bei der Ernährung und auf die wichtige Frage der Feststellung der Eiweissqualität hingewiesen.

Kommen auch in industrialisierten Ländern Ernährungsmängel, genauer Mängel an bestimmten Schutzstoffen vor? Es wird auf diesem Gebiet oft zu sehr simplifiziert und gesagt, dass die Krankheiten, die in industrialisierten Ländern mit der Ernährung zusammenhängen, die Folge des *Überflusses* sind und dass jene in den Entwicklungsländern durch den *Mangel* verursacht werden. Dies ist jedoch nur sehr bedingt wahr.

Nicht nur der Überfluss bestimmter Nährstoffe kann Krankheiten in den industrialisierten Ländern verursachen, sondern auch der Mangel an essentiellen Wirkstoffen – sie werden auch Schutzstoffe genannt – als Folge einer *veränderten Urproduktion*, einer vermehrten *industriellen Verarbeitung* und nicht selten einer *ungeeigneten Zubereitung* der Nahrungsmittel. Ernährungsschäden und Krankheiten, die mit der Ernährung zusammenhängen, sind demnach in industrialisierten Ländern sowohl die Folgen des Überflusses als auch des Mangels.

Dass solche Mängel, z.B. an bestimmten Vitaminen und Spurenelementen, bestehen, zeigen nicht nur viele gründliche Untersuchungen der letzten zwei Dekaden, sondern dies wird auch u.a. durch den deutschen Ernährungsbericht 1980 bestätigt. Bei den Vitaminen besteht bei bestimmten Bevölkerungsgruppen oft ein Mangel an Vitamin $B_1$, $B_2$, $B_6$ und Vitamin A sowie nach neueren Veröffentlichungen an Folsäure. Auch die Eisenversorgung der Frauen im Menstruationsalter ist nicht ausreichend, wie das u.a. aus den Untersuchungen von *Heinrich* [4] hervorgeht.

Was nun die Vitaminverluste bei der Verarbeitung und Zubereitung von Gemüsen betrifft, spielt schon die *Sortenwahl* eine wichtige Rolle, da der *Vitamingehalt* stark *sortenabhängig* ist. So variiert der Vitamin-C-Gehalt gemäss unseren Untersuchungen bei 16 schweizerischen Kartoffelsorten um nahezu 100% [5]. Ähnlich ist die Situation beim Spinat, auch dann, wenn dieser aus dem gleichen Boden und der gleichen Lage stammt und die Düngung ebenfalls die gleiche war (Tab. II) [6].

Die Kenntnis des Vitamingehaltes verschiedener Obst- oder Gemüsesorten müsste bei ihrer Wahl zur Verarbeitung, z.B. bei der Tiefkühlung, und auch bei der Zubereitung eine gewisse Rolle spielen.

Aber nicht nur im Gehalt, sondern auch in der *Haltbarkeit* und der *Lagerfähigkeit* der pflanzlichen Nahrungsmittel bestehen grosse *art-* und *sortenbedingte Unterschiede.* Bei Blattgemüse ist schon nach einigen Stunden Aufbewahrung bei 20 °C ein erheblicher Rückgang des Vitamin-C-Gehaltes zu verzeichnen. Im Spinat beispielsweise werden bei 20 °C schon nach 5 h rund 30%, nach 24 h die Hälfte und nach 48 h 75% des Vitamin C zerstört [7]. Bei Kühlschranktemperaturen (+4 °C) dagegen sind die Verluste

*Tabelle II.* Vitamin-C-Gehalt verschiedener Spinatsorten

| Sorte | Vitamin C, mg/100 g | | Trockengewicht % |
|---|---|---|---|
| | Frischgewicht | Trockengewicht | |
| Nobel Original | 66 | 495 | 13,3 |
| Winterriesen | 99 | 655 | 15,1 |
| Frühester Hybrid | 81 | 562 | 14,4 |
| Viking Original I | 71 | 525 | 13,5 |
| Viking Original II | 59 | 432 | 13,6 |
| Vital R | 86 | 578 | 14,8 |
| Winterkönig | 78 | 508 | 15,4 |
| Viroflay | 102 | 710 | 14,3 |
| Pré Vital | 101 | 769 | 13,1 |

Alle Werte sind Mittelwerte von drei Bestimmungen.

*Tabelle III.* Vitamin-C-Verlust im Spinat während der Lagerung bei 4 und 20°C

| Temperatur, °C | Vitamin C-Verlust, % | | | | | |
|---|---|---|---|---|---|---|
| | Tage | 1 | 2 | 3 | 6 | 10 |
| 4 | | 11 | 16 | 24 | 64 | 75 |
| 20 | | 48[1] | 75[1] | | | |

[1] Nach *Doesburg* [7].

bedeutend geringer, was auch aus unseren älteren Versuchen hervorgeht. Bei 4 °C treten erst nach etwa 10 Tagen die gleichen Vitamin-C-Verluste auf wie schon nach 48 h bei 20 °C [8] (Tab. III).

Bezüglich der *industriellen Verarbeitung* und der *haushaltsmässigen Zubereitung* von Nahrungsmitteln muss betont werden, dass auch das schonendste Verfahren mit Nährwert-, besonders aber mit Vitaminverlusten verbunden ist. Aber diese Verluste bleiben bei einer schonenden Haltbarmachung wie beispielsweise bei Tiefkühlung oder bei einer sorgfältigen Zubereitung z.B. durch Dünsten mit sehr wenig Wasser in einem erträglichen Rahmen.

Es wird immer wieder behauptet, dass in der heutigen Nahrung genügend Vitamine enthalten seien und es darum gar keine Rolle spiele, ob bei der Verarbeitung oder bei der Zubereitung mehr oder weniger Vitamine verlorengehen. Jedem, der auf diesem Gebiet Bescheid weiss, ist es klar, wie unbegründet diese Behauptung ist. *Verluste* entstehen schon beim *Transport*, bei der *Verteilung* und *Lagerung*, dann bei der *Verarbeitung* und *Zubereitung* der Nahrungsmittel, welche sich addieren und zu ansehnlichen Verlusten führen können. Darum ist es notwendig, Wege zu suchen, die ermöglichen, diese Verluste niedrig zu halten. Dies um so mehr, als bereits geringe Vitaminmängel – oft nur mit sogenannten *subklinischen Symptomen* – auch in industrialisierten Ländern vorkommen. Diese Mängel, welche man heute mit recht raffinierten biochemischen bzw. enzymatischen Methoden nachweisen kann, bewirken auf die Dauer eine Verringerung der Leistungsfähigkeit und der Widerstandskraft des Organismus.

Es stellt sich nun die Frage, warum solche *umwälzende Veränderungen*, sowohl bei der industriellen Verarbeitung als auch bei haushaltmässiger Zubereitung, in den letzten 60–70 Jahren stattgefunden haben. Die Gründe sind mannigfaltig. Ein wichtiger Grund ist die *Verstädterung*, d.h. die Konzentration der Bevölkerung in den grossen Städten. Welches Ausmass diese beispielsweise in der Schweiz angenommen hat, zeigen folgende Zahlen: Vor rund 120 Jahren lebten nur 6,4% der Gesamtbevölkerung in Städten, im Jahre 1970 48%. In den Vereinigten Staaten leben heute sogar 73% der Bevölkerung in Städten, in China dagegen nur 15%. Auf die anderen Folgen der Verstädterung wie die Verlängerung der Transportwege und die industrielle Verarbeitung der Nahrungsmittel, die Auswärtsverpflegung der Menschen (Kantinen, Restaurants) infolge grosser Entfernung zwischen Heim und Arbeitsplatz usw. kann hier nicht weiter eingegangen werden. Zweifelsohne sind sie aber für die *Veränderung der Lebensweise* des heutigen Menschen mitverantwortlich. Die Rationalisierung und Mechanisierung seines Daseins zwangen ihn zu einer Umgestaltung seines ganzen Lebenslaufes und brachten *grundsätzliche Änderungen* in seiner *Ernährungsweise* mit sich.

Es wäre in diesem Zusammenhang interessant, auf die *Nährwertverluste* von Nahrungsmitteln infolge der langen Transportwege, der industriellen Verarbeitung, der Verteilung und der Lagerung usw. einzugehen. Dies würde aber den Rahmen einer solchen Arbeit sprengen.

Es sei jedoch anhand einiger Beispiele gezeigt, wie Verluste an Vitaminen, Mineralstoffen und Spurenelementen durch eine *richtige Zubereitung* pflanzlicher Nahrungsmittel verringert werden können.

Aus unseren früheren Untersuchungen [6, 9] geht hervor, dass die Grösse der Vitamin-C-Verluste von Gemüsen und Kartoffeln bei verschie-

*Tabelle IV.* Vitamin-C-Verluste von Kartoffeln beim Kochen auf verschiedene Weise

| Zubereitung | Gesamtvitamin C mg/100 g | | Verlust % | Anmerkung |
|---|---|---|---|---|
| | Frisch-gewicht | Trocken-gewicht | | |
| Roh | 21 | 94 | – | Sorte: Bintje; die Verluste sind aus den auf das Trockengewicht bezogenen Vitamin-C-Werten berechnet |
| Drucktopf | 15 | 68 | 27 | |
| Siedendes Wasser | 18 | 79 | 16 | |
| Gedünstet | 19 | 87 | 7 | |

*Tabelle V.* Vitamin-C-Verluste von Spinat beim Kochen auf verschiedene Weise

| Zubereitung | Gesamtvitamin C mg/100 g | | Verlust % | Anmerkung |
|---|---|---|---|---|
| | Frisch-gewicht | Trocken-gewicht | | |
| Roh | 34 | 471 | – | Die Verluste sind aus den auf das Trockengewicht bezogenen Vitamin-C-Werten berechnet |
| Drucktopf | 23 | 308 | 35 | |
| Siedendes Wasser | 7 | 161 | 66 | |
| Gedünstet | 27 | 385 | 18 | |

dener Garweise, Kochen mit viel Wasser (bereits siedend), im Dampfdrucktopf und Dünsten mit wenig Wasser, unterschiedlich ist. Die geringste Vitamin-C-Abnahme wurde sowohl bei Knollen- als auch bei Blattgemüse nach Dünsten, d.h. nach Garen mit sehr wenig Wasser, festgestellt. *Kartoffeln*, die im Drucktopf gekocht wurden, wiesen die höchsten (27%) und die gedünsteten die niedrigsten Vitamin-C-Verluste (7%) auf (Tab. IV).

Bei *Spinatblättern*, die in viel Wasser gekocht wurden, war der Vitamin-C-Verlust mit 66% am höchsten (Auslaugeffekt) und beim Dünsten in sehr wenig Wasser mit 18% im allgemeinen am geringsten (Tab. V).

Es war interessant, das Verhalten eines anderen Vitamins, des *Vitamin* $B_1$, des *Thiamins*, welches weniger sauerstoffempfindlich ist als das Vitamin C, doch ebenfalls thermolabil, nach verschiedener Kochweise zu untersuchen [10]. Dies um so mehr, als bestimmte Formen von Vitamin-$B_1$-Mangel – wie erwähnt – auch in industrialisierten Ländern vorkommen.

Gemäss unseren Versuchen ist der Unterschied bezüglich des Vitamin-

*Table VI.* Thiaminverluste von Kartoffeln beim Kochen auf verschiedene Weise

| Zubereitung | Thiamin, mg/100 g | | Verlust % | Anmerkung |
|---|---|---|---|---|
| | Frisch-gewicht | Trocken-gewicht | | |
| Roh | 0,16 | 0,75 | – | Die Verluste sind aus den auf das |
| Drucktopf | 0,12 | 0,54 | 28 | Trockengewicht bezogenen |
| Siedendes Wasser | 0,11 | 0,50 | 33 | Thiaminwerten berechnet |
| Gedünstet | 0,13 | 0,65 | 14 | |

*Tabelle VII.* Thiaminverluste von Spinat beim Kochen auf verschiedene Weise

| Zubereitung | Thiamin, mg/100 g | | Verlust % | Anmerkung |
|---|---|---|---|---|
| | Frisch-gewicht | Trocken-gewicht | | |
| Roh | 0,08 | 1,18 | – | Die Verluste sind aus den auf das |
| Drucktopf | 0,06 | 0,67 | 44 | Trockengewicht bezogenen |
| Siedendes Wasser | 0,03 | 0,45 | 62 | Thiaminwerten berechnet |
| Gedünstet | 0,07 | 0,99 | 16 | |

$B_1$-Gehaltes zwischen den mit viel Wasser bzw. im Drucktopf gekochten *Kartoffeln*, im Gegensatz zu Vitamin C, sehr gering. Aber auch in diesem Fall wiesen die mit sehr wenig Wasser gedünsteten Kartoffeln die geringste Vitamin-$B_1$-Abnahme auf (Tab. VI).

Beim *Spinat* und auch bei anderen Gemüsen sind die Vitamin-$B_1$-Verluste nach verschiedener Garweise nahezu gleich hoch wie beim Vitamin C. Den höchsten Thiaminverlust wiesen mit 62% die Spinatblätter auf, die mit viel Wasser gekocht wurden, und am niedrigsten war die Vitaminabnahme mit 16% bei jenen, welche in sehr wenig Wasser gedünstet wurden (Tab. VII).

Die Vitamin-$B_1$-Verluste bei sämtlichen untersuchten Gemüsearten, mit Ausnahme von Sellerie, und Kartoffeln waren nach Dünsten mit sehr wenig Wasser am geringsten (Tab. VIII).

Bei den drei Gemüsearten, bei welchen sowohl die Vitamin-C- als auch die Vitamin-$B_1$-Verluste nach verschiedener Garweise bestimmt wurden, findet man eine verblüffende Übereinstimmung in der Grössenordnung der Verluste (Tab. IX).

*Tabelle VIII.* Thiaminverluste (%) von Kartoffeln und Gemüse bei verschiedenartigen Garverfahren

| | Kochweise | | | Anzahl Versuche |
|---|---|---|---|---|
| | Drucktopf | Siedendes Wasser | Dünsten | |
| Kartoffeln | 24 | 23 | 14 | 22 |
| Sellerie | 14 | 14 | 14 | 15 |
| Spinat | 33 | 59 | 18 | 12 |
| Wirz | 35 | 66 | 27 | 10 |
| Blumenkohl | 26 | 46 | 19 | 15 |
| Rosenkohl | 18 | 30 | 13 | 19 |
| Lattich | 36 | 75 | 29 | 16 |
| Zucchetti | 18 | 26 | 11 | 12 |

*Tabelle IX.* Thiamin- und Vitamin-C-Verluste (%) in einigen Gemüsen bei verschiedenartigen Garverfahren

| Gemüse | Kochweise | | | | | |
|---|---|---|---|---|---|---|
| | Drucktopf | | Siedendes Wasser | | Dünsten | |
| | Thiamin | Vitamin C | Thiamin | Vitamin C | Thiamin | Vitamin C |
| Spinat | 33 | 35 | 59 | 66 | 18 | 18 |
| Blumenkohl | 26 | 23 | 46 | 35 | 19 | 7 |
| Rosenkohl | 18 | 22 | 30 | 34 | 13 | 15 |

Alle Werte sind Mittelwerte aus 10–22 Versuchen. Vitamin-C-Verluste nach *Somogyi* [9].

Dieser Befund ist interessant und überraschend, da sowohl die Oxidation bzw. die Inaktivierung dieser Vitamine als auch die Hemmung dieser Vorgänge durch verschiedene Faktoren (Enzyme, Spurenelemente, Antithiamine, Vitamin-C-Schutzstoffe) induziert bzw. beeinflusst werden.

In diesem Zusammenhang sind die kürzlich veröffentlichten Versuche von *Leinert* et al. [11] zu erwähnen, aus welchen hervorgeht, dass sich die *Verluste* an bestimmten *Mineralstoffen* und *Spurenelementen* bei Kartoffeln und Spinat nach verschiedener Garweise ähnlich verhalten wie die Abnahme der Vitamine. Die Mineralstoffverluste nach Garen in viel Wasser waren höher als nach Dünsten ohne Beifügen von zusätzlichem Wasser.

Aus diesen Ausführungen geht hervor, dass bei der Zubereitung pflanzlicher Nahrungsmittel die *Vitaminverluste* durch eine *richtige Garweise niedrig* gehalten werden können.

Wenden wir uns nun der *Ernährungsaufklärung* zu. Dieser kommt vom Standpunkt sowohl der Volksgesundheit als auch der Volkswirtschaft eine grosse Bedeutung zu. Die Vorbeugung der eingangs erwähnten Krankheiten, nämlich Atherosklerose, Fettsucht, erhöhter Blutdruck usw., wäre zweckmässiger und auch wesentlich billiger als deren Behandlung. Wenn wir bedenken, wie enorm die Kosten für das Gesundheitswesen in allen industrialisierten Ländern in den letzten 10 Jahren gestiegen sind, so erfassen wir erst richtig die Grösse des Problems. In der Schweiz beispielsweise betrugen die Ausgaben für das Gesundheitswesen 1973 6,3 Milliarden und 1980 12,4 Milliarden sFr.; in der BRD 1972 94,5 Milliarden und 1978 165,8 Milliarden DM; in Schweden 1972 45,9 Milliarden und 1977 100,7 Milliarden skr – um nur einige Beispiele zu nennen.

Was ist zu tun, um diese Situation zu verbessern? Nebst anderen Massnahmen, auf die hier nicht eingegangen werden kann, ist eine Intensivierung der Ernährungsaufklärung auf allen Ebenen von eminenter Bedeutung. Die Ernährungsaufklärung sollte schon beim Kind in der Elementarschule oder sogar im Kindergarten beginnen. Sehr wichtig ist natürlich eine wirksame Vermittlung des Wissens über Ernährung auch an die Erwachsenen [12].

Zum Schluss möchte ich noch kurz über die Aktivitäten auf dem Gebiet der *Ernährungsaufklärung in der Schweiz* berichten. Hier wäre die *Schweizerische Vereinigung für Ernährung* zu erwähnen, welche die Ernährungsaufklärung des Erwachsenen als eine ihrer Hauptaufgaben betrachtet und die vieles in dieser Richtung durch ihre Tagungen, die Schriftenreihe, ihre Auskunftsstelle und ihr Informationsbulletin getan hat und sicher einige Erfolge erzielte. Auch die *städtischen Beratungsstellen*, betreut von erfahrenen Diätassistentinnen, wirken zum Beispiel in Zürich und Bern recht erfolgreich.

Wichtig ist, dass die *Massenmedien* die Ernährungsaufklärung intensiv fördern. Schon seit einiger Zeit wird in vielen *Tageszeitungen* immer mehr über Ernährung – meist gut und objektiv – geschrieben, auch dann, wenn es sich nicht um eine «Sensation» handelt. Wir müssen für die Ernährungsaufklärung auch bei *Radio* und *Fernsehen* nach neuen Wegen suchen. Anstelle einzelner Vorträge, die von dem Hörer und Zuschauer oft als nicht interessant betrachtet werden, sollten Podiumsgespräche oder Diskussionen oder z.B. ein Quiz über Ernährung gesendet werden [13]. Diese Art wäre wirksamer und würde die Leute mehr motivieren. Ansätze in dieser Richtung scheinen in der Schweiz sowohl beim Radio als auch beim Fernsehen vorhanden zu sein. Aber wir sind von dem, was diese Medien in den USA an *systematischer Ernährungsaufklärung* bieten, weit entfernt.

Die Forderung nach einer weiteren Verbesserung und Aktivierung der Ernährungsaufklärung und Ernährungsausbildung wird nicht ohne Schwierigkeiten zu erfüllen sein. Zweifelsohne stellt dieser Wunsch eine Herausforderung an Politiker, Wissenschaftler und Verbraucher dar und ist teilweise mit hohen Kosten verbunden. Aufwendungen für die Ernährungsaufklärung und Ernährungsausbildung wären gut angelegtes Geld, sowohl aus ideellen als auch aus volkswirtschaftlichen Gründen. *Vorbeugen* ist nämlich der *wirksamere* und *billigere* Weg, um Krankheiten zu bekämpfen, als deren Behandlung. Und schon dies allein sollte Grund genug sein, die Veıantwortlichen und alle Beteiligten zu veranlassen, die Ernährungsaufklärung zu fördern.

## *Literatur*


1 Anonymus: Trends in average weights and heights for men: an insurance experience. Stat. Bull. Met. Life Insurance Company *51:* (December) 6–7 (1970).
2 Vetter, K.: Bedeutung und Einsatzmöglichkeiten kalorienreduzierter Nahrungsmittel. Ernährungsforschung *19:* 110–114 (1974).
3 OECD: Food consumption statistics, Paris 1978.
4 Heinrich, H.C.: Iron absorption and iron deficiency. Biblthca Nutr. Dieta *23:* 118–119 (1976).
5 Somogyi, J.C.; Schiele, K.: Der Vitamin-C-Gehalt verschiedener Kartoffelsorten und seine Abnahme während der Lagerung. Int. Z. VitamForsch. *36:* 337–359 (1966).
6 Somogyi, J.C.: Die Bedeutung der Früchte, Gemüse und Kartoffeln in der heutigen Ernährung, in Neue Erkenntnisse in der Gemeinschaftsverpflegung, p. 108 (Forster, Zürich 1966).
7 Doesburg, J.J.: Vitamin C content of sliced vegetables. Voeding *16:* 503–511 (1955).
8 Somogyi, J.C.; Schiele, K.: Unveröffentlichte Versuche.
9 Somogyi, J.C.: Einfluss der Zubereitungsweise auf den Vitamin-C-Gehalt von Kartoffeln und Gemüsen. Ernähr-Umsch. *22:* 42–45 (1975).
10 Somogyi, J.C.; Kopp, P.M.: Einfluss der Zubereitungsweise auf den Thiamin-Gehalt von Kartoffeln und Gemüsen. Ernähr-Umsch. *25:* 175–178 (1978).
11 Leinert, J.; Becker, D.P.; Somogyi, J.C.; Hötzel, D.: Einfluss der Garweise auf Mineralstoffverluste. Ernähr-Umsch. *28:* 12–14 (1981).
12 Somogyi, J.C.: Ernährungsaufklärung und Volksgesundheit. Swiss Food *1:* 4–5 (1979).
13 Somogyi, J.C.: Nutrition education of the public in Switzerland. The role of mass media and the activities of the Swiss Association for Nutrition. Proc. 3rd Eur. Nutr. Conf., pp. 79–82 (Almqvist & Wiksell, Stockholm 1980).


Prof. Dr. J.C. Somogyi, Nidelbadstrasse 82, CH–8803 Rüschlikon (Schweiz)

Biblthca Nutr. Dieta, No. 32, pp. 12–17 (Karger, Basel 1983)

# Nutrition Education of the Public by Mass Media in the USA

*Fredrick J. Stare, Virginia Aronson*
Department of Nutrition, Harvard School of Public Health, Boston, Mass., USA

One of the primary purposes of education is to equip individuals with the skills they need to realize their full potentials in all areas of human endeavor. Traditionally, schools in the USA have tried to fulfill this objective. Though a good diet is necessary to realize the full health potential of any human, the subject of nutrition is often neglected in our schools, and when it is taught is frequently nutrition nonsense rather than factual common sense nutrition.

There is a tremendous need for nutrition education in America today. The incidence of obesity and the prevalence of diet-related degenerative diseases are visible indicators of this need. Yet, no major educational assault has been made on nutritional ignorance, the most important factor behind improper nutrition in America today. It is not that the food is not available. We currently have the most varied, abundant, safe, and nutritious food supply in the history of the world. However, consumers today need to learn more about their nutrient needs and the nutrient values of our abundant food supply so that they can then choose a diet that will promote optimal health. Nutrition education is required to fulfill this need, first in the home, then in the schools beginning with the earliest years, then in our secondary schools, universities and professional schools, and also to the public in general via the mass media – newspapers, magazines, radio, and TV.

The most economical approach to proper education would be to disseminate sound nutrition information to the public via the mass media. Unfortunately, nutrition misinformation abounds and the media, knowingly and unknowingly, spreads the fallacies along with the facts. The promoters of nutrition quackery have mastered the art of manipulating the media. And few people realize how often or how skillfully they are being misinformed in health matters. It has been estimated that Americans waste between $ 5 and $ 10 billion a year on questionable 'health' practices, much of which involves nutrition.

Nutrition is a particularly fertile field for quackery. It is estimated that half the people in America today are taking unnecessary vitamins and other food supplements. False cancer and arthritis remedies, acupuncture, 'organic' foods, hair analysis for nutrient deficiencies, phoney exercise gadgets, and injections for 'pep and energy' – the list is endless.

In the area of weight reduction in particular, a new fad diet appears almost every month. Nutrition quacks have learned how to reach people emotionally. What sells is not the quality of the product, but the ability of the quack to influence the public. It certainly is not very difficult to sell hope to people who feel desperate. The ill, the aged, the overweight, and those seeking optimal health and longevity – these are the victims of nutritional nonsense. And television, radio, newspapers, books, and magazines readily provide the medium for the spread of nutritional nonsense.

Fear is an important factor in the public's vulnerability to quackery: fear of illness, physical or mental incapacitation, weakness, aging, and death create the need for constant reassurance. Often times, magical cures are more reassuring than scientific facts. Thus, the nutrition quack grabs a handy and willing media tool and succeeds in taking advantage of the surprisingly large number of intelligent, well-educated people who fall prey to his false ideas.

Health professionals in my country are working to decrease the amount of inaccurate nutrition information that gets into the media, and are attempting to increase the amount of public education and strengthen the laws protecting the public. Unfortunately, the supporters of nutrition nonsense are many and powerful in the USA. For example, a few years ago when our Food and Drug Administration tried to enact legislation against misleading health and nutrition claims, they were able to generate over two million letters to members of our Congress and succeeded in defeating this legislation. The health food industry, like other modes of nutrition quackery, effectively utilizes the media to propagate the information they want the public to hear. And the uninformed consumer is listening, believing, buying, and ultimately suffering from the dissemination of inaccurate nutrition information.

There are a few organizations in the United States today which are devoted to combatting nutrition and other types of health quackery, and these professionals are beginning to take advantage of the potential effectiveness of the mass media. A new organization in this area is the American

Council on Science and Health, formed 3 years ago by me and a former student of mine, Dr. *Elizabeth Whelan.* We maintain offices in New York and Washington and have a working editorial staff of approximately 12 people. We have an Advisory Board of approximately 75 distinguished scientists from different disciplines and from different areas of our country. We prepare scholarly reports on subjects of current health interest to the public; from these a brief report written for the public is prepared, and then we have a press conference to try and get media attention. Some of our recent reports have dealt with diet and heart disease, saccharin, diet and cancer, diet and hyperkinesis, and caffeine. In preparation are reports on sugar, salt, and fluoridation.

Over the past 40 years, I have received thousands of letters from people all over the world and in all walks of life. This is because I have had articles on various aspects of nutrition in several magazines of national circulation such as the *Readers Digest.* Much of this mail is, in fact, quite unfavorable, as people respond to my own views on nutrition (which are, for the most part, supported by professional nutritionists and the medical community).

Many letters have been written in response to my syndicated newspaper column, 'Food and Your Health', which has appeared twice weekly for over 30 years in more than 50 American cities. Numerous letters are in response to my syndicated radio program 'Healthline', which is only 2½ min long, but is used by approximately 100 radio stations and is available 6 days a week. You might like to hear one or two of these programs. Here is one example:

Comments in the popular media, and even a few in the medical literature, belittle the role of diet in heart disease. This is Healthline. I'll be right back.

Those who have actually done research in the area of diet and heart disease have never claimed that diet by itself is the cause of heart disease. However, most scientists agree that diet can be one of the risk factors which, in combination with other risk factors, will accelerate the development of heart disease.

The other known risk factors include a family history of heart disease early in life (60 years or earlier), high blood pressure even if only moderate but present for several years, a level of blood cholesterol of 200 mg% or higher, cigarette smoking, diabetes, obesity, and a sedentary life-style.

Diet is involved in these risk factors in a number of ways. Too much sodium (mainly via salt) in susceptible individuals may, in time, increase blood pressure. Too many calories, regardless of their source, will result in obesity in those whose caloric output (mainly exercise) is less than the caloric intake.

Weight gain, particularly if rapid, usually results in an increase in blood cholesterol. Loss of weight usually has the opposite effect on blood cholesterol. Diets in which the saturated fats predominate over the polyunsaturated fats will, in the overweight individual, usually result in a higher level of cholesterol as will diets high in cholesterol. The latter usually means a diet with a couple of eggs each day, as egg yolk is by far the most common major source of dietary cholesterol.

One cannot say that diet alone is the cause of heart disease. As mentioned, I don't know of anyone who has worked in this area that has made such a statement. But as just pointed out, there are several ways in which diet can aggravate or increase the intensity of some of the known risk factors – particularly blood pressure, cigarette smoking and level of blood cholesterol. None of these risk factors by itself is particularly ominous, but the three together, blood pressure, cigarette smoking, and an elevated blood cholesterol, is ominous. Fortunately, weight loss usually lowers blood pressure and blood cholesterol, and there is good drug treatment for high blood pressure. And one can stop smoking if sufficiently motivated.

About every other Healthline program and every other newspaper column is what we call a 'Question and Answer' column. Here is an example of one of these:

### *Healthline Tape No. 293: Q & A*

Today we will answer some questions from listeners. This is Healthline. I'll be right back.

Question: Is the 'basic four' food group concept now outdated?

Answer: No. Following the 'basic four' rule is still the easiest way to plan adequate nutrition on a daily basis because it provides the variety of foods necessary for a balanced diet, including the 50 or so essential nutrients needed by the body. Although not structured to enumerate all foods needed daily, it does provide a practical framework for meal planning. Briefly, these four groups are:

*The Meat Group*, including meats, poultry, fish, eggs and legumes such as dried beans, peas and nuts – all good sources of protein. These foods also supply iron (and many other minerals including the trace minerals), and several of the vitamins. About 7 ounces a day from this group should be consumed – for instance, a 3-ounce serving for lunch or dinner and a 2-ounce serving for the other two meals.

*Milk and Milk Products* supply more calcium per serving than any other food. This group is also a valuable source of protein, many of the B vitamins, vitamin A (if whole milk or fortified low fat), and vitamin D if it has been added to the milk as it should be. Two servings daily from this group are recommended.

*Fruits and Vegetables* provide some 90% of our usual intake of vitamin C, at least 60% of vitamin A as well as important amounts of fiber, minerals, folic acid and carbohydrate. They also add texture, color and variety – important psychological values of any diet. Four servings a day are recommended from this group, and they can be large enough to fill you up, since they are low in calories, that is, unless you load the vegetables with fats!

*Breads and Cereals* are important sources of carbohydrates, protein and, when properly fortified or whole grain, of thiamin, riboflavin, niacin and iron. Three to four servings daily are recommended from this group.

Question: Are vitamins destroyed by coffee, alcohol, cigarettes?

Answer: No, No, No. But people who consume alcohol in excess over long periods of time develop classical vitamin deficiencies, not because the alcohol destroys the vitamins, but because the alcoholic usually does not eat properly.

I'm Dr. *Fred Stare* and this is Healthline.

It is because eating is such an emotional issue that my dietary advice is often met with resistance, disbelief, even hostility. This public negativism is also due to the fact that the outrageous claims of nutrition quacks and health food salesmen are so much more appealing than the sound, factual advice of knowledgeable health professionals. Who would not prefer to believe that a certain nutritional supplement will guarantee longevity, or that a specific food can cure illness and disease? This is a lot easier to want to believe in than the basic treatise of balanced diet, exercise and moderation in everything.

Perhaps a more important factor behind the public negativism toward professional nutrition advice, however, is simply due to mass confusion. Occasionally, the media attempts to give equal weight to both professionals and quacks, but I question the wisdom of equal time or space for nonsense versus the truth.

In addition to lending credibility to untrustworthy quacks, the media itself promotes undocumented nutrition research results and unproven health claims. In appealing to the public's love of sensationalism, the media will seize upon reports of ongoing research, publicizing the information as if were factual, and blowing the importance of these claims all out of proportion. Scare stories about additives and pesticides, tales of the supposedly cancer-causing properties of harmless foods, and unnecessary adversity towards sugar, processed foods, and the American food supply in general appear almost daily in newspapers and magazines, on television and radio, and in the multitude of nutrition books bulging from bookstore shelves. And consumers accept without question the advice of radio announcers, writers with no background in the area of food science, alarmists who appear to have made a career out of stirring up consumer concerns, and activists who are strong on activism but weak on nutrition.

A good example of media exaggeration of nutrition 'news' was the recent comments over caffeine and its possible role in pancreatic cancer. The report proposing such an association was based on only one small study of hospitalized patients. The fact that the unhealthy coffee drinkers were more apt to have cancer of the pancreas than the unhealthy non-coffee drinkers is hardly proper evidence on which to base a claim against moderate coffee consumption by healthy individuals, and certainly not until this study has been independently confirmed. The real conclusion of the report, which the media chose to either downplay or ignore, was that more research needs to be conducted. Such is often the case with scientific research.

Nutrition is science, not magic. And nutritional facts are neither sensational, nor panaceas for all human ills. Unfortunately, science does not 'sell' well and sensationalism does. The media insists on 'giving the people what they want to see and hear'. and since most Americans appear to want to read and hear sensational items, this is what prevails.

Nutrition professionals need to be encouraged to publicly express their opinions, and to utilize the mass media in assisting consumers to make knowledgeable health decisions. But this must be done in simple, clear terms that the public understands, and in an interesting manner. Publishers, reporters, and media representatives should become more responsible in their choice of health news released to the public. Undocumented studies, unproven claims, and nutritional nonsense should be overlooked in favor of scientific facts and the nutrition information provided by reliable professionals. In this way, the degree of public confusion over just who to believe could be lessened, and the volume of health deception would be diminished. By increasing the amount of sound, factual, responsible nutrition advice promoted by the media, the public would have a better chance of avoiding food nonsense and obtaining optimal health through proper nutrition education. Thus, the responsibility is twofold: those skilled in the nutrition profession need to use the mass media to disseminate reliable information to the public in an interesting manner and counteract the claims of the nutrition quacks, while the mass media itself needs to try to do the same. Hopefully, both professions will meet their responsibilities and thereby enhance the nutrition education of today's public.

Prof. Dr. F.J. Stare, Department of Nutrition, School of Public Health,
Harvard University, 665 Huntington Avenue, Boston, MA 02115 (USA)

Biblthca Nutr. Dieta, No. 32, pp. 18–31 (Karger, Basel 1983)

# Ziele und Wege der Ernährungsaufklärung in der Bundesrepublik Deutschland

*Werner Kübler, Volker Pudel*

Institut für Ernährungswissenschaft, Giessen, BRD;
Arbeitsgruppe für Ernährungsforschung, Universitätskliniken Göttingen, BRD

Um uns über Ziele und Wege der Ernährungsaufklärung klar zu werden, ist es notwendig, zunächst den Standort der Ernährungssituation in der Bundesrepublik Deutschland genauer zu charakterisieren. Dazu bietet der unlängst erschienene Ernährungsbericht [1980] der Deutschen Gesellschaft für Ernährung wichtiges Material.

Die Bundesrepublik ist ein typischer hochentwickelter Industriestaat mit allen Vorteilen eines praktisch unbegrenzten Lebensmittelangebots, das überdies für nahezu für jeden Bürger erschwinglich ist, einem hochentwickelten, gut funktionierenden Nah- und Fernverkehrssystem und einem hohen Grad der Automatisierung im Produktionsbereich. Die Folge dieser Entwicklungen ist eine erhebliche Wandlung der Verzehrsgewohnheiten zugunsten teurerer, vor allem tierischer Lebensmittel von erheblichem Verfeinerungs- und Bequemlichkeitsgrad. Dadurch entsteht ein typisches ernährungsphysiologisches Doppelproblem: einerseits eine weite Verbreitung von Übergewicht, andererseits die Gefahr von Lücken in der Bedarfsdeckung mit einigen essentiellen Nährstoffen. Schliesslich wirkt sich die hohe Kaufkraft auch auf den Verbrauch von Genussmitteln aus.

## *Entwicklung der Ernährungssituation*

Dass es nicht einfach sein wird, hier durch Massnahmen der Ernährungsaufklärung eine Veränderung zu bewirken, zeigt ein Vergleich des durchschnittlichen Verbrauchs an Nahrungsenergie in den letzten 60 Jahren auf der Basis der Agrarstatistik (Abb. 1). Daraus ist abzulesen, dass sich nach den Krisenzeiten des 1. Weltkrieges 1914/18, der Weltwirtschaftskrise

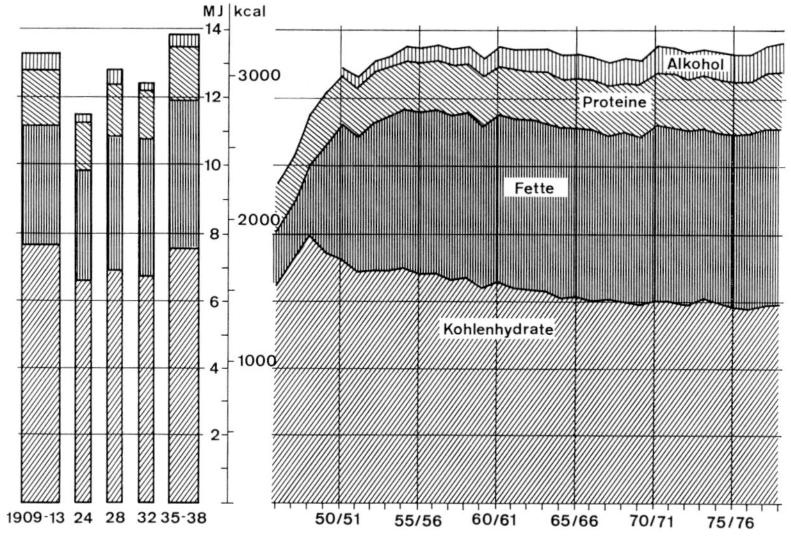


*Abb. 1.* Durchschnittlicher Verbrauch von Nahrungsenergie pro Person und Tag [Ernährungsbericht 1980, ergänzt].

1930 und des 2. Weltkrieges und der daran anschliessenden Mangeljahre bis 1950 immer wieder ein nahezu konstantes Niveau der pro Kopf verbrauchten Mengen von Nahrungsenergie eingestellt hat.

Dabei haben sich in diesem Zeitraum die Ernährungsgewohnheiten erheblich geändert: Der Verbrauch von Getreideprodukten, Kartoffeln und Milch ist stark zurückgegangen; dagegen hat der Konsum von Fleisch und Fleischwaren, Eiern, Zucker, Fetten pflanzlicher Herkunft, Gemüse und Obst (insbesondere Südfrüchten) erheblich zugenommen. Eine stetige Zunahme zeigt auch der Verbrauch an alkoholischen Getränken, die bei erwachsenen Männern im Durchschnitt nahezu 17% der aufgenommenen Nahrungsenergie liefern.

Dem weitgehend konstant gebliebenen Verbrauch an Nahrungsenergie steht ein im gleichen Zeitraum erheblich verminderter Energiebedarf gegenüber

- durch eine verstärkte Mechanisierung der Arbeit,
- durch eine Verminderung der Bewegungsenergie beim Weg zum Arbeitsplatz,
- durch ein überwiegend bewegungsfeindliches Freizeitangebot.

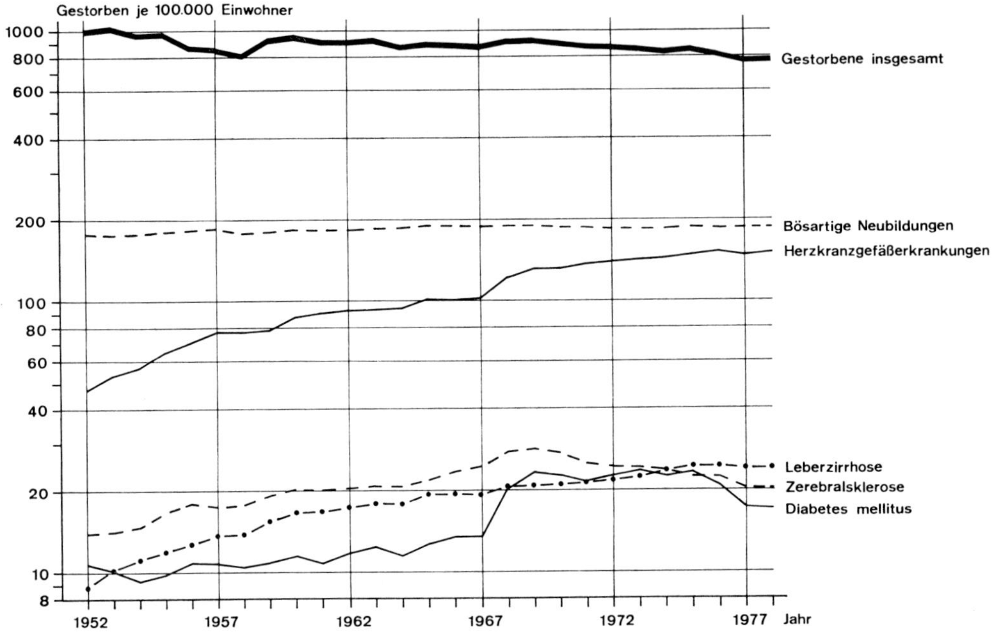


*Abb. 2.* Sterbeziffern an ausgewählten Todesursachen, standardisiert nach Altersgliederung 1950 [Ernährungsbericht 1980].

Die unausweichliche Konsequenz muss eine Zunahme der Überernährung sein. Diese lässt sich aus vereinzelten Daten wahrscheinlich machen, obgleich repräsentative statistische Daten dafür nicht vorliegen.

Die Folgen zeigt Abbildung 2, in der zu erkennen ist, dass die Mortalität an ernährungsabhängigen – insbesondere mit Übergewicht korrelierten – Erkrankungen noch immer zunimmt, zumindest keine Rückbildungstendenz zeigt, wie sie in den USA seit 1968 zu erkennen ist. Dort ist die Mortalität an Herzkranzgefässerkrankungen innerhalb von 8 Jahren um mehr als 20% zurückgegangen; dabei muss allerdings erwähnt werden, dass sie in den USA auch heute noch um rund 20% höher ist als in der Bundesrepublik. Im Gegensatz dazu ist die Gesamtsterblichkeit in der Bundesrepublik um reichlich 25% höher als in den USA.

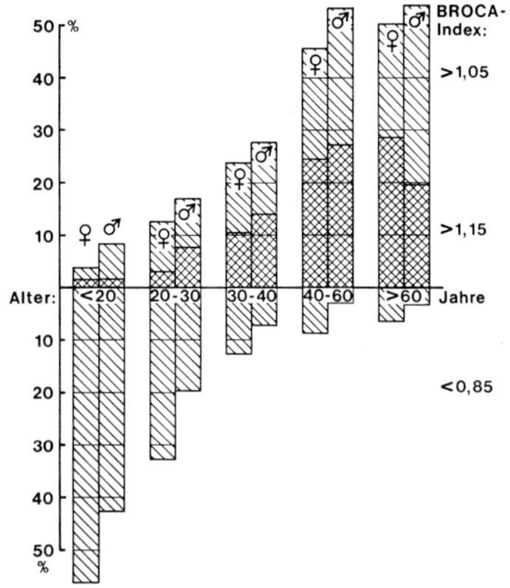


*Abb. 3.* Altersabhängigkeit des relativen Körpergewichts [nach Material zum Ernährungsbericht 1980].

### *Übergewicht*

Über die Häufigkeit des Übergewichts in der Bundesrepublik liegen jetzt für das Jahr 1978 repräsentative Zahlen vor. Ein erhebliches Übergewicht von mindestens 115% des Referenzgewichtes nach *Broca* ([kg] = Körperlänge [cm] – 100) findet man bei durchschnittlich 16% der Männer und 18% der Frauen. Dieser Befund ist allerdings weiter zu differenzieren:

1. Die Häufigkeit des Übergewichts zeigt eine ausgeprägte Abhängigkeit vom Lebensalter (Abb. 3): In der Altersklasse von 17–20 Jahren sind weniger als 2% erheblich übergewichtig. Dies nimmt mit zunehmendem Alter zu und erreicht in der Altersgruppe von 40–60 Jahren 25–30%. In der Altersgruppe bis 25 Jahre findet man sogar einen Anteil von über 11% mit beträchtlichem Untergewicht von weniger als 75% des Referenzgewichtes nach *Broca*.
2. Der sozioökonomische Status, insbesondere das (nach dem Schulabschluss definierte) Bildungsniveau spielt ausserdem eine massgebliche Rolle für die Häufigkeit eines Übergewichtes. Es ist bei der Gruppe mit dem höchsten Sozialstatus weit seltener (knapp 7%) als bei den zwei am wenigsten begünstigten Gruppen der 5teiligen Skala (27 bzw. 20%).

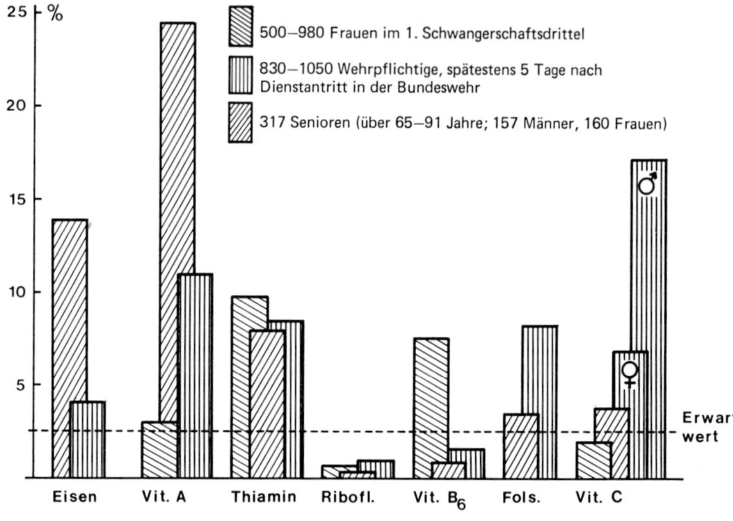


*Abb. 4.* Unsichere Bedarfsdeckung mit Eisen und Vitaminen. Kritische Grenzwerte: Serum-Eisen $< 60\,\mu g/dl$; Serum-Retinol m $< 35\,\mu g/dl$, w $< 30\,\mu g/dl$; $\alpha_{ETK} \geqq 1{,}23$; $\alpha_{BGR} > 1{,}18$; $\alpha_{EGOT} \geqq 2{,}0$; Plasma-Vitamin-C $< 0{,}5$ mg/dl.

3. Auch landsmannschaftliche Differenzen sind nachzuweisen: In Hessen findet sich ein erhebliches Übergewicht mit über 30% weit häufiger als in Berlin, Baden-Württemberg oder Schleswig-Holstein/Hamburg (6, bzw. 9 und 10%).

*Bedarfsdeckung mit Vitaminen und Eisen*

Das zweite Problem, dem wir – vor allem durch eine bessere Verbreitung von Ernährungswissen – zuleibe rücken müssen, ist die verhältnismässig weite Verbreitung von qualitativen Ernährungsfehlern. Besondere Aufmerksamkeit verdient dabei eine mangelhafte Bedarfsdeckung mit verschiedenen essentiellen Nährstoffen. Auch hier sind die Befunde bei verschiedenen Bevölkerungsgruppen sehr unterschiedlich (Abb. 4). Bei Frauen im gebärfähigen Alter fanden wir mit Hilfe biochemischer Messungen [*Kübler*, 1981] weit überzufällig häufig Werte, die auf einen unzureichend gedeckten Bedarf mit Thiamin (9,3% der Messungen) und mit Vitamin $B_6$ (7,5% der Messwerte) hinweisen.[1] Auch hier waren die sozial schwächer gestellten Gruppen deutlich häufiger vertreten. Bei einem Kollektiv von Wehrpflichtigen (vorwiegend aus Hessen und angrenzenden Gebieten) wurden mit 13,9% für Eisen, in 24,6% für Vitamin A und in 8% für Thiamin Messwerte im kritischen Bereich gefunden.[2] Messungen bei älteren Menschen aus Stadt und Umland Giessen[3] ergaben solche Werte überzufällig häufig für Vitamin A (11%), Thiamin (8,5%), Folsäure (über 8%) und Vitamin C (Frauen rund 7%, Männer über 17%).

Diese Befunde zeigen, dass ein subklinischer Mangel an essentiellen Nährstoffen in der Bevölkerung der Bundesrepublik zumindest nicht selten vorkommt – Massnahmen zur Verbesserung der Bedarfsdeckung sind angezeigt. Die Zielrichtung derartiger Massnahmen wird erkennbar – sie ist nicht voll deckungsgleich mit den Ergebnissen von Verbrauchserhebungen (Tab. I).

### *Folgerungen für die Ernährungsaufklärung*

Aus den unterschiedlichen Spektren der Bedarfsdeckungslücken bei den verschiedenen Bevölkerungsgruppen wird aber auch deutlich, dass die Schwerpunkte der Massnahmen schon im Hinblick auf die zu erreichenden Ziele nicht einheitlich gesetzt werden können. So muss bei Senioren – mit Rücksicht auf die häufiger mangelhafte Folsäure- und Vitamin-C-Versorgung, die grössere Gefahr der Überernährung und die höheren Risiken durch hohe Cholesterin- und Purin-Zufuhren – vor allem der Gemüse- und Zitrusfrüchte-Verbrauch gefördert werden. Jungen Männern dagegen muss, zur Verbesserung ihrer Eisen- und Vitamin-A-Versorgung, ein höherer Konsum von Fleisch – insbesondere Leber – nahegelegt werden.

Diese Befunde sind ein weiteres Argument dafür, dass sich Ernährungsaufklärung und -beratung nicht mit allgemeingehaltenen Formulierungen begnügen dürfen, sondern verschiedene Zielgruppen unterschiedlich ansprechen müssen. Dass auch die Form, mit der junge Leute angesprochen werden müssen, anders sein muss als bei Senioren und wieder anders bei

[1] Die Untersuchungen wurden gefördert durch die Deutsche Forschungsgemeinschaft und das Bundesministerium für Jugend, Familie und Gesundheit.

[2] Die Untersuchungen wurden gefördert vom Bundesminister für Verteidigung.

[3] Die Untersuchungen wurden gefördert vom Bundesminister für Jugend, Familie und Gesundheit.

*Tabelle I.* Wesentliche[1] Abweichungen (%) des mittleren täglichen Nährstoffverbrauchs 1978 [Ernährungsbericht 1980] von den Empfehlungen für die Nährstoffzufuhr [Deutsche Gesellschaft für Ernährung, 1975]

| | Alter, Jahre | | | | | | | | | | | | | | | | | |
|---|---|---|---|---|---|---|---|---|---|---|---|---|---|---|---|---|---|---|
| | 4–6 | | 7–9 | | 10–12 | | 13–14 | | 15–18 | | 19–35 | | 36–50 | | 51–65 | | über 66 | |
| | m | w | m | w | m | w | m | w | m | w | m | w | m | w | m | w | m | w |
| Nahrungsenergie | – | – 18 | – | – 24 | – 12 | – 18 | – 14 | – 21 | – 12 | – 13 | + 21 | – | + 47 | + 28 | + 63 | + 38 | + 60 | + 40 |
| Kalzium | – 34 | – 54 | – 33 | – 47 | – 40 | – 47 | – 36 | – 36 | – 21 | – 29 | – | – 24 | – | – | – | – | – | – 23 |
| Phosphor | + 26 | – | + 25 | – | – | – | – | – | + 54 | + 36 | + 93 | + 67 | + 116 | + 85 | + 111 | + 80 | + 95 | + 70 |
| Eisen | – | – 22 | – | – 29 | – 21 | – 56 | – | – 54 | – | – 48 | – | – 43 | + 22 | – 37 | + 24 | – | + 22 | – |
| Vitamin A | + 29 | – | + 29 | – | + 45 | + 24 | + 36 | – | + 52 | + 27 | + 60 | + 30 | + 87 | + 44 | + 87 | + 41 | + 51 | – |
| Thiamin | – | – 31 | – 21 | – 35 | – 27 | – 30 | – 23 | – 27 | – 26 | – 31 | – | – 27 | – | – | – | – | – | – |
| Riboflavin | – | – 22 | – 23 | – 38 | – 28 | – 45 | – 23 | – 41 | – 24 | – 29 | – | – | – | – | – | – | – | – |
| Vitamin $B_6$ | – | – 30 | – 24 | – 37 | – 27 | – 39 | – 39 | – 50 | – 26 | – 27 | – | – | + 21 | – | + 21 | – | – | – 41 |
| Vitamin C | – 28 | – 28 | – | – | – | – | – | – | – | – | – | – | + 25 | – | + 30 | – | + 36 | – |

[1] Aufgeführt sind nur Verbrauchswerte, die um mehr als 20% (bei Nahrungsenergie 10%) von den Empfehlungen abweichen.

Frauen, die einem Mehrpersonenhaushalt vorstehen, bedarf heute kaum noch einer ausdrücklichen Erwähnung. Ich möchte in diesem Zusammenhang aber noch erwähnen, dass wir in unserer Studie auf eine unerwartet hohe Aufgeschlossenheit für Ernährungsprobleme bei älteren Menschen gestossen sind.

### *Institutionen der Ernährungsaufklärung*

In der Bundesrepublik gibt es eine Reihe von Einrichtungen, die sich bemühen, die Ernährungssituation durch öffentliche Veranstaltungen, durch die Verbreitung geeigneter Schriften oder durch individuelle Beratung zu verbessern. Die grösste Tradition auf diesem Gebiet hat die Deutsche Gesellschaft für Ernährung, die seit 28 Jahren besteht und – neben ihren Aufgaben als fachwissenschaftliche Gesellschaft – das Ziel hat, Ernährungswissen zu verbreiten. Darin wird sie (neben reichlich einem Drittel eigener Einkünfte) auch durch öffentliche Mittel gefördert. Die Gesellschaft unterhält in den meisten Bundesländern Ernährungsberatungsstellen, bildet Diätassistenten zu Ernährungsberatern weiter, veranstaltet öffentliche Tagungen und Journalistenseminare und verbreitet populärwissenschaftliche Schriften über Ernährungsfragen auf den verschiedensten Ebenen, deren Auflage die 50-Millionen-Grenze schon lange überschritten hat. Daneben sind zahlreiche andere Organisationen, die Ernährungswissen verbreiten, entstanden. Ernährungsberatung wird z.B. durch die Organisationen der Verbraucherberatung und in ländlichen Gebieten durch die hauswirtschaftlichen Beratungsstellen der Landwirtschaftkammern angeboten. Populärwissenschaftliche Schriften über Ernährungsprobleme geben ein vom Bundesminister für Ernährung, Landwirtschaft und Forsten unterhaltener Auswertungs- und Informationsdienst und die Bundeszentrale für gesundheitliche Aufklärung, eine dem Bundesminister für Jugend, Familie und Gesundheit nachgeordnete Behörde, heraus. Auch Krankenkassen entwickeln beachtliche Aktivitäten auf diesem Gebiet und das Interesse der öffentlichen Medien am Gesamtkomplex Ernährung wächst erkennbar.

Dennoch ist der Gesamtumfang der von neutralen Stellen angebotenen Ernährungsinformation nur ein kleiner Bruchteil der verkaufsfördernden Aktivitäten auf dem Ernährungsbereich, deren Aussagen naturgemäss nicht immer ausgewogen sind. In diesem Bereich allerdings sind durch das neue Lebensmittel- und Bedarfsgegenständegesetz erhebliche Beschränkungen auferlegt worden. So dürfen krankheitsbezogene Aussagen nur noch für diäteti-

*Tabelle II.* Interesse an Ernährungsfragen (% der Befragten)

| | Männlich | Weiblich | Gesamt |
|---|---|---|---|
| Sehr stark | 9 | 19 | 14 |
| Stark | 19 | 28 | 24 |
| Mittel | 36 | 38 | 37 |
| Kaum/gar nicht | 36 | 15 | 25 |

*Tabelle III.* Rat über Ernährungsfragen (% der Ratsuchenden; Mehrfachnennungen)

| | |
|---|---|
| Beim Arzt | 54,9 |
| In der Familie | 36,8 |
| Zeitschrift | 25,6 |
| Funk, Fernsehen | 15,5 |
| Apotheke | 13,7 |
| Reformhaus | 11,7 |
| Bücher | 8,3 |
| Beratungsstelle | 1,5 |
| Broschüren | 2,5–3,9 |
| Keinen Rat gesucht | 44,4 |

sche Lebensmittel gemacht werden, und auch hier besteht eine sehr eng gefasste Sprachregelung.

Das schwierigste Problem sind die immer wieder in der Sensationspresse auftauchenden unrichtigen oder fehlinterpretierten Meldungen, die den Verbraucher in hohem Masse verunsichern und viele Bemühungen um eine sachgerechte Information illusorisch machen.

### *Interesse und Informationsstand*

Als weiteres Begleitprojekt für den Ernährungsbericht 1980 wurde eine Repräsentativbefragung durchgeführt, mit den Zielen,
- das Interesse der Bevölkerung an Ernährungsfragen kennenzulernen,
- das Ernährungsverhalten genauer zu charakterisieren,
- das Ernährungswissen verschiedener Bevölkerungskreise abzuschätzen und
- festzustellen, welche Quellen zur Information über Ernährungsfragen genutzt werden.

*Tabelle IV.* Faktoren, die beim Einkaufen und Kochen eine Rolle spielen (987 haushaltführende Personen)

| Faktoren | Bedeutung (% der Antworten) | | |
|---|---|---|---|
| | sehr wichtig | gering | ohne |
| Dass es gut schmeckt | 91,7 | 7,2 | 0,5 |
| Dass es bekömmlich ist | 91,4 | 6,9 | 1,0 |
| Dass es gesund ist | 88,3 | 10,7 | 0,8 |
| Dass es abwechslungsreich ist | 74,8 | 20,9 | 3,0 |
| Dass es preisgünstig ist | 52,8 | 36,4 | 10,6 |
| Dass es wenig Kalorien hat | 43,0 | 40,5 | 15,1 |
| Dass es satt macht | 39,9 | 44,6 | 14,5 |
| Dass es einfach zuzubereiten ist | 38,1 | 46,0 | 15,4 |
| Dass es schnell geht | 28,7 | 46,1 | 25,0 |

Das Interesse an Ernährungsfragen (Tab. II) wurde von rund 38% der Befragten als sehr stark oder stark angegeben. Naturgemäss war es bei Frauen ausgeprägter als bei Männern. Etwa 56% hatten schon Rat über Ernährungsprobleme eingeholt. Die Quellen dieser Ernährungsinformation sind in Tabelle III aufgeführt. Diese zeigt, dass der Arzt hier eine überragende Rolle spielt. Von Übergewichtigen wurde ärztlicher Rat sogar in mehr als 60% der Fälle in Anspruch genommen. Der verhältnismässig geringe Prozentsatz, der Rat bei Ernährungsberatungsstellen oder durch Broschüren gesucht hat, wird weniger enttäuschen, wenn berücksichtigt wird, dass den wenigen hundert Beratungsstellen in der Bundesrepublik etwa 130 000 Ärzte (davon rund 50% in freier Praxis oder im öffentlichen Gesundheitsdienst) und 27 500 Apotheker gegenüberstehen und, dass Broschüren gegen Gebühr bestellt oder bei Beratungsstellen abgeholt werden müssen.

Eine Befragung der haushaltsführenden Personen – 89% von ihnen sind Frauen – ergab Hinweise auf Faktoren bei der Auswahl der Lebensmittel (Tab. IV). Dabei zeigte sich, dass der Genuss beim Essen die wichtigste Rolle spielt. Gleich danach folgten aber gesundheitliche Überlegungen. Andere Faktoren, wie Preis, einfache Handhabung oder Schnelligkeit bei der Zubereitung, treten dagegen deutlich zurück.

Einen Eindruck über Ernährungswissen eines repräsentativen Bevölkerungsquerschnitts und wichtiger Mittlerpersonen lieferte eine Serie von Testfragen (Abb. 5). Sie wurden nach einer 10-Punkte-Skala ausgewertet. Zur Standardisierung dient die Trefferquote von Studenten der Ernährungs-

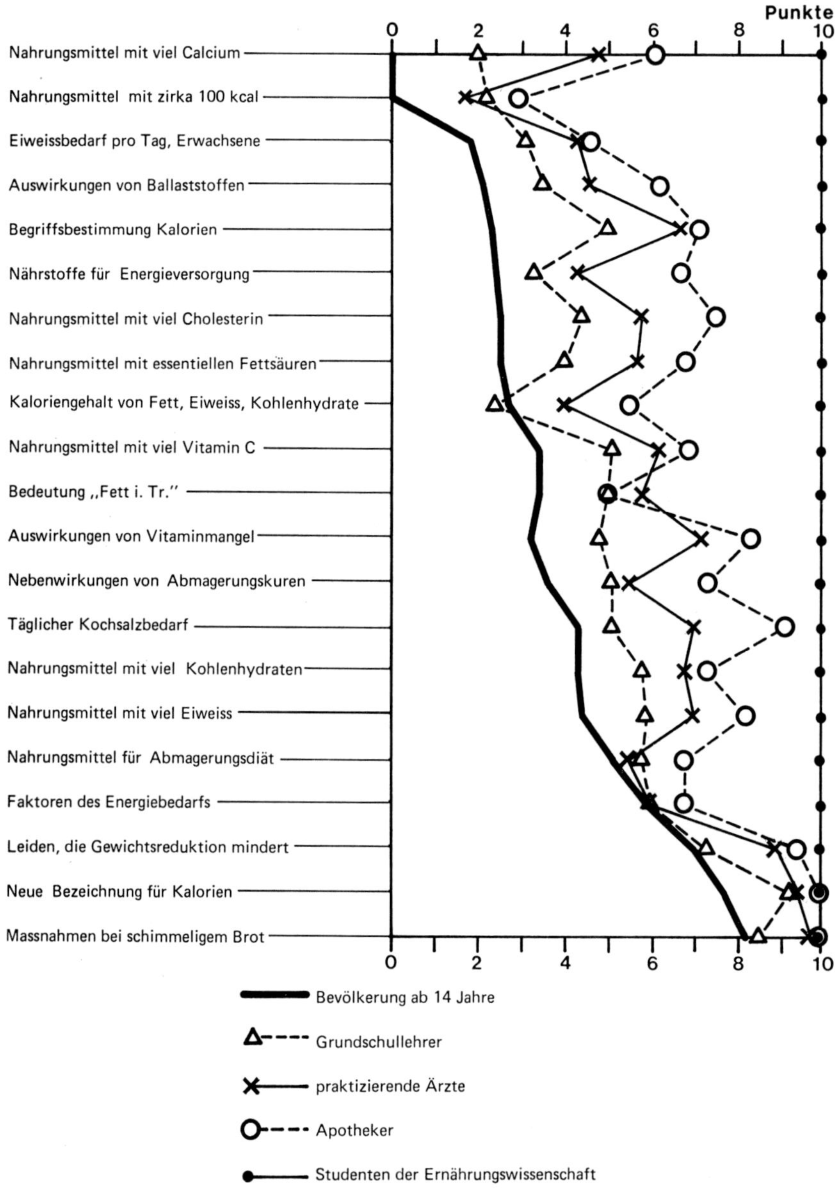
Punkte
0
2
4
6
8
10
Nahrungsmittel mit viel Calcium
Nahrungsmittel mit zirka 100 kcal
Eiweissbedarf pro Tag, Erwachsene
Auswirkungen von Ballaststoffen
Begriffsbestimmung Kalorien
Nährstoffe für Energieversorgung
Nahrungsmittel mit viel Cholesterin
Nahrungsmittel mit essentiellen Fettsäuren
Kaloriengehalt von Fett, Eiweiss, Kohlenhydrate
Nahrungsmittel mit viel Vitamin C
Bedeutung „Fett i. Tr."
Auswirkungen von Vitaminmangel
Nebenwirkungen von Abmagerungskuren
Täglicher Kochsalzbedarf
Nahrungsmittel mit viel Kohlenhydraten
Nahrungsmittel mit viel Eiweiss
Nahrungsmittel für Abmagerungsdiät
Faktoren des Energiebedarfs
Leiden, die Gewichtsreduktion mindert
Neue Bezeichnung für Kalorien
Massnahmen bei schimmeligem Brot
Bevölkerung ab 14 Jahre
Grundschullehrer
praktizierende Ärzte
Apotheker
Studenten der Ernährungswissenschaft

*Tabelle V.* Ernährungswissen (%)

| | Weit über Durchschnitt | Über Durchschnitt | Unter Durchschnitt |
|---|---|---|---|
| Apotheker | 77,6 | 94,4 | 1,9 |
| Ernährungs-Fachjournalist | 64,2 | 86,6 | 7,4 |
| Praktizierender Arzt, Internist | 59,2 | 76,1 | 8,5 |
| Einzelhandelskaufmann, Reformhaus | 41,1 | 67,3 | 19,5 |
| Grundschullehrer | 40,4 | 64,9 | 22,1 |
| Koch | 35,7 | 64,3 | 16,3 |
| Einzelhandelskaufmann, Lebensmittel | 25,1 | 55,0 | 17,1 |
| Schwangere | 33,7 | 50,0 | 26,5 |
| Alle Personen über 14 Jahre | 16,1 | 35,2 | 40,9 |

wissenschaft in höheren Semestern (sie erreichten im Durchschnitt einen Punktwert von 167,4 bei 210 möglichen Punkten). Abbildung 5 und Tabelle V zeigen, dass bei so wichtigen Mittlerpersonen wie praktizierenden Ärzten oder Fachjournalisten ein beträchtlicher Nachholbedarf an Ernährungswissen besteht. Das verhältnismässig ungünstige Abschneiden der Grundschullehrer gibt den Hinweis, dass man sich von einer stärkeren Berücksichtigung von Ernährungslehre im Schulunterricht erst dann grössere Erfolge versprechen kann, wenn den Lehrern Möglichkeiten zur Weiterbildung auf dem Gebiet des Ernährungswissens geboten werden.

## *Schlussfolgerungen*

Die Ergebnisse dieser Erhebung geben sicherlich zu denken. Die künftige Öffentlichkeitsarbeit zur Verbesserung des Ernährungswissens und der Ernährungssituation wird sich offensichtlich auf vielen Gebieten neue Wege suchen müssen. Das erste und wichtigste Problem ist, auch diejenigen Be-

*Abb. 5.* Ernährungswissens-Test. Durchschnittliche Punktwerte der Bevölkerung und ausgewählter Mittlerpersonen für die einzelnen Aufgaben; normiert auf die durchschnittliche Punktezahl von Studenten der Ernährungswissenschaft ab 5. Studiensemester [Material zum Ernährungsbericht 1980]. —— = Bevölkerung ab 14 Jahre; △ = Grundschullehrer; × = praktizierende Ärzte; ○ = Apotheker; ● = Studenten der Ernährungswissenschaft.

völkerungskreise zu erreichen, die Ernährungsproblemen gegenüber gleichgültig sind. Hier sehe ich eine wichtige Aufgabe für die Grundschulen – mit der eben genannten Einschränkung im Hinblick auf das Ernährungswissen der Lehrer.

Ein zweites, kaum weniger wichtiges Problem ist, den richtigen Mittlerpersonen zweckdienliches Material zur Verfügung zu stellen. Hier hat es der Wissenschaftler schwer, denn er wird sich nur ungern entschliessen, etwas als «gesichertes Wissen» zu bezeichnen. Wenn es aber nicht gelingt, ihm klare uneingeschränkte Aussagen zu entlocken, wird seine Überzeugungsfähigkeit immer hinter der des Ernährungsapostels oder des Werbefachmanns zurückstehen – und die Verwirrung beim Verbraucher nimmt zu.

Die Rolle des Arztes bei der Ernährungsberatung ist unterschätzt worden. Es müssen Wege gefunden werden, dem Arzt handliches Informationsmaterial über Grundlagen und Bedeutung der modernen Ernährungswissenschaft zu verschaffen. Die ärztliche Ausbildung in der Bundesrepublik gibt dafür wenig Raum. Auch in der ärztlichen Fortbildung ist das Interesse nur mässig – vor allem wohl weil Ernährungsberatung ein sehr zeitraubendes Unterfangen ist. Es kommt hinzu, dass der Mediziner nur geringe Kenntnis über modernere technologische Entwicklungen besitzt und diesen häufig skeptisch gegenüber steht.

Broschüren werden offensichtlich nur von einem sehr kleinen Teil der Verbraucher genutzt. Sie haben jedoch mit grosser Wahrscheinlichkeit für Mittlerpersonen hohen Wert als aktuelles und überprüfbares Basismaterial. Die Gestaltung von Broschüren muss dem Rechnung tragen: Die sachliche, gut belegte Information hat hier Vorrang vor der populären graphischen und sprachlichen Gestaltung. Im Einzelfall ist zu prüfen, ob es zweckmässig ist, Broschüren durch Demonstrationsmaterial für Vorträge und/oder Einzelberatungen zu ergänzen.

Die Bedeutung von Funk und Fernsehen für Ernährungsbewusstsein und Ernährungsaufklärung wird durch die Umfrage zweifellos nicht voll erfasst. Die elektronischen Medien sind ja viel mehr geeignet, ein Problem bewusst zu machen als eine Antwort auf konkrete Fragen zu vermitteln – und darauf zielte die Fragestellung der Erhebung ab. Ich bin sicher, dass die elektronischen Medien unentbehrlich sind, wenn das Interesse an Ernährungsfragen erhalten und vertieft werden soll.

Eingangs habe ich versucht, darzulegen, dass die Bevölkerung keinesfalls als einheitliche Gruppe betrachtet und angesprochen werden darf. Sie ist sicher in grösserem Umfang nur zu erreichen, wenn es gelingt, die spezifischen Probleme der einzelnen Teilkollektive zu definieren und diese Kollektive in einer für sie verständlichen und einleuchtenden Form – also zielgruppengerecht – anzusprechen. Dass dies selbst für Fachleute auf diesem Gebiet eine schwierige Aufgabe ist, ist jedem, der sich gelegentlich Medienwerbung anhört oder ansieht, klar. Für Laien auf diesem Gebiet, also auch für Wissenschaftler, erscheint mir diese Aufgabe unlösbar. Dem Wissenschaftler nötigt dies das unangenehme Geständnis ab, dass es Bereiche gibt, für die er nicht kompetent ist.

Aufgabe der Ernährungswissenschaftler ist aber, die unterschiedlichen Zielgruppen der Bevölkerung zu definieren und die Ernährungsprobleme, durch die sie belastet sind, möglichst genau zu erkennen. Hier sind uns die USA mit ihrem umfangreichen Health and Nutrition Examination Survey mit glänzendem Beispiel vorangegangen. Sie haben es aber auch leichter, denn im politischen Raum finden dort die Bestrebungen nach einer sinnvollen Ernährungsverbesserung im Dienste der präventiven Medizin einen vorbildlichen und beneidenswerten Rückhalt. Der Verdacht liegt nahe, dass die Ernährungswissenschaftler in den USA in ihren Bemühungen, die Öffentlichkeit – und damit auch die Politiker – von der Bedeutung ihrer Arbeit zu überzeugen, erfolgreicher sind.

## *Literatur*

Deutsche Gesellschaft für Ernährung: Ernährungsbericht 1980 (Henrich, Frankfurt a.M. 1980).

Deutsche Gesellschaft für Ernährung: Material zum Ernährungsbericht 1980 (Henrich, Frankfurt a.M. 1980).

Deutsche Gesellschaft für Ernährung: Empfehlungen für die Nährstoffzufuhr (Umschau, Frankfurt a.M. 1975).

Kübler, W.: Nutrition deficiencies in pregnancy. Biblthca Nutr. Dieta, No. 30, pp. 17–29 (Karger, Basel 1981).

Prof. Dr. med. W. Kübler, Institut für Ernährungswissenschaft,
Goethestrasse 55, D-6300 Giessen (BRD)

Biblthca Nutr. Dieta, No. 32, pp. 32–39 (Karger, Basel 1983)

# Attempts to Improve Food Habits in Rapidly Changing Societies; e.g. Italy

*Flaminio Fidanza, Adalberta Alberti Fidanza*

Istituto di Scienza dell'Alimentazione, Università degli Studi di Perugia, Italia

In the second half of this century Italian society passed from an agro-familial type to an industrialized-collective one. The changes induced in the lifestyle were dramatic, with very great impact on food habits.

As shown in figure 1, after a stable trend until the last world war, the most striking increase was in sugar consumption, followed by meat and fats. Considering in more detail the food groups (table I), we can observe an increase, in general modest, for most animal foods (excluding meat) while for foods of vegetable origin the situation is more dynamic, with a large increase for fruits and vegetables, sugar and oils (particularly seed oils), but, however, virtual stability for wheat, potatoes and beverages and a decrease for dry legumes [*Cialfa and Mariani Costantini*, 1981].

When the values of consumption are expressed in energy and nutrients (table II), a progressive increase is evident of protein and its quality. The values for 1954–1956 corresponded to recommended intakes, while in 1976–1978 there was an excess of 27.2 g, corresponding to +39%.

The situation is even worse for fats. We pass from a deficit in regard to recommended intakes in 1954–1956 to an excess of 43 g in 1976–1978, corresponding to +60%. This is also true for energy-producing foods, with an excess of 793 kcal in 1976–1978.

Passing from this situation for all of Italy to four large regional areas in 1978 only, a different picture can be seen. As shown table III, bread, pasta, oils and fish are consumed more commonly in the south, and meat, milk and cheese in the north. Also a difference can be observed based on the social class of the individual and on family size [*Cialfa and Mariani Costantini*, 1981].

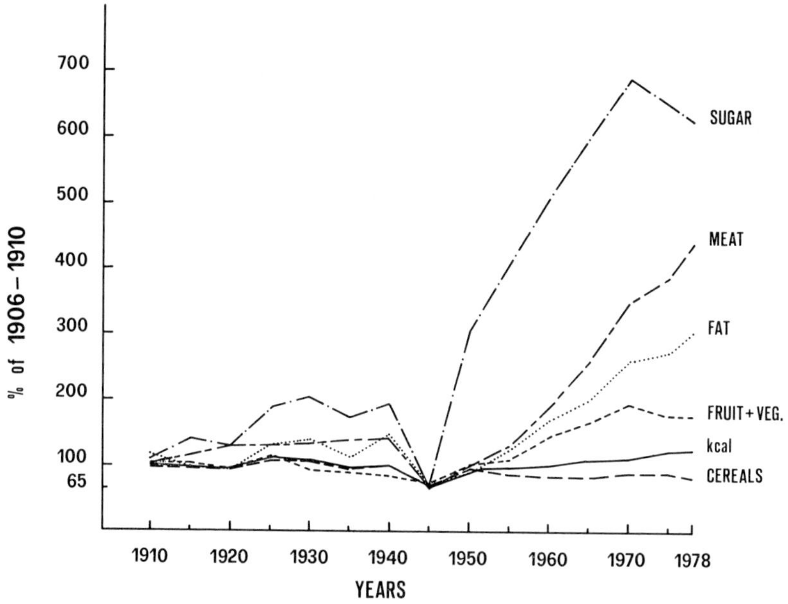


*Fig. 1.* Trend of consumption of some foods expressed as percent consumption in 1906–1910, taken as 100.

Relating the above data to the increase of income in the same time interval, we can observe (fig. 2) that the percentage of energy from visible fats increased as did that from unvisible animal fats and from sugar, while the percent energy from complex carbohydrates decreased. This is the same picture as observed in the FAO econometric study of 84 different countries [*Cialfa and Mariani Costantini*, 1981].

Another important finding is that national self-sufficiency has progressively decreased with time (table IV) for several food groups, particularly those with sizable increases over these years. This is because our agriculture has been unable to counteract this trend, particularly due to lack of food planning at the national level.

Also from a health point of view the situation is not better. We do not have good data for prevalence or incidence of obesity, diabetes, hypertension, coronary heart disease and other nutrition-related diseases. We have rough information that these diseases are increasing. Also, in some vulnerable classes vitamin and mineral malnutrition is not uncommon, particularly for riboflavin, thiamin, folic acid, iron and calcium.

*Table I.* Trend of foods available for consumption in Italy from 1954–1956 to 1976–1978 (kg/person/year)

| Foods | 1954–1956 | 1964–1966 | 1976–1978 |
|---|---|---|---|
| Wheat | 159.2 | 164.7 | 170.1 |
| Other cereals | 24.1 | 14.9 | 10.8 |
| Potato | 39.6 | 44.2 | 40.6 |
| Dry legumes | 5.2 | 5.6 | 3.9 |
| Other vegetables | 77.5 | 137.6 | 135.2 |
| Fresh fruit and citrus fruit | 57.0 | 114.1 | 117.3 |
| Dry fruit and nuts | 8.3 | 7.1 | 7.3 |
| Olive and seeds oil | 9.0 | 15.8 | 20.5 |
| Sugar | 16.3 | 24.8 | 28.5 |
| Beverages, liters | 106.3 | 117.1 | 109.2 |
| Meats | 21.0 | 40.9 | 65.4 |
| Beef | 9.3 | 18.3 | 23.1 |
| Eggs | 7.5 | 9.6 | 11.6 |
| Milk | 53.4 | 64.1 | 77.3 |
| Cheese | 7.8 | 8.6 | 11.6 |
| Butter | 1.4 | 1.8 | 2.1 |
| Lard | 1.3 | 1.6 | 2.2 |
| Fish | 7.3 | 9.5 | 9.4 |

*Table II.* Trend of nutrients consumption in Italy from 1954–1956 to 1976–1978 (g/person/day)

| Nutrients | Recommended intakes (LARN) | 1954–1956 | 1964–1966 | 1976–1978 |
|---|---|---|---|---|
| Proteins | | | | |
| Vegetables | | 45.8 | 54.9 | 48.0 |
| Animals | | 24.8 | 33.6 | 49.4 |
| Totals | 70.2 | 70.6 | 88.5 | 97.4 |
| Fats | | | | |
| Vegetables | | 32.6 | 52.1 | 65.8 |
| Animals | | 26.1 | 37.2 | 48.4 |
| Totals | 71.2 | 58.7 | 89.3 | 114.2 |
| Carbohydrates | | 383.9 | 451.5 | 428.1 |
| Energy, kcal | 2,400 | 2,250 | 2,851 | 3,193 |

*Table III.* Food consumption in Italy in the four geographical areas in 1978 (kg/person/year)

| | North-West | North-East | Central | South | Total |
|---|---|---|---|---|---|
| Bread | 62.4 | 60.9 | 75.5 | 90.0 | 74.4 |
| Pasta | 27.7 | 26.1 | 38.6 | 40.3 | 36.4 |
| Fresh fruit and nuts | 75.7 | 72.7 | 75.9 | 79.0 | 72.8 |
| Olive and seeds oil | 14.4 | 15.6 | 21.6 | 19.2 | 18.0 |
| Sugar | 23.1 | 24.4 | 20.5 | 18.2 | 21.1 |
| Beef | 27.0 | 23.5 | 25.9 | 17.8 | 22.9 |
| Fowl | 18.5 | 19.9 | 21.9 | 15.1 | 18.2 |
| Other meats (excluding salt meat) | 11.4 | 14.0 | 14.1 | 9.9 | 11.1 |
| Fish | 4.3 | 5.5 | 8.7 | 12.3 | 8.2 |
| Milk, liters | 79.2 | 90.0 | 73.2 | 63.6 | 74.4 |
| Cheese | 14.1 | 13.9 | 9.8 | 10.8 | 12.1 |
| Eggs | 9.2 | 9.9 | 9.9 | 9.9 | 9.9 |
| Wine, liters | 105.6 | 112.8 | 109.2 | 74.4 | 97.2 |

Various proposals to deal with these problems have been put forward and launched from time to time. To increase food production of the most lacking items, an agro-food plan was promulgated in 1978. Because so far no great improvements have been observed, this plan seems more and more a 'book of dreams'. Effective instead has been the manipulation of economic factors for some food items, particularly in achieving rapid changes in food habits, e.g., for beef in the last years.

In parallel, but completely independent of the above plan, and with the purpose of decreasing the negative national balance of trade (for meat particularly), a 5-year research project, sponsored by National Research Council, was finalized on novel protein sources, and carried out from 1976. Protein concentrates have been obtained from legumes (fava beans, lupins, chick-peas and peas), defatted sunflower seeds, bovine blood, whey, alfalfa and tobacco leaves, spirulina and some yeasts. Industries have cooperated with us to produce new food formulations which are excellent from a technological point of view and taste good. We are positive that also in this regard we can realize an cfficient nutrition education, particularly if the participation of the consumer is realized.

Food and nutrition intervention programmes have been carried out at the national, regional or local levels. At the national level, the National Institute of Nutrition in Rome, after a Nutrition Education Conference in

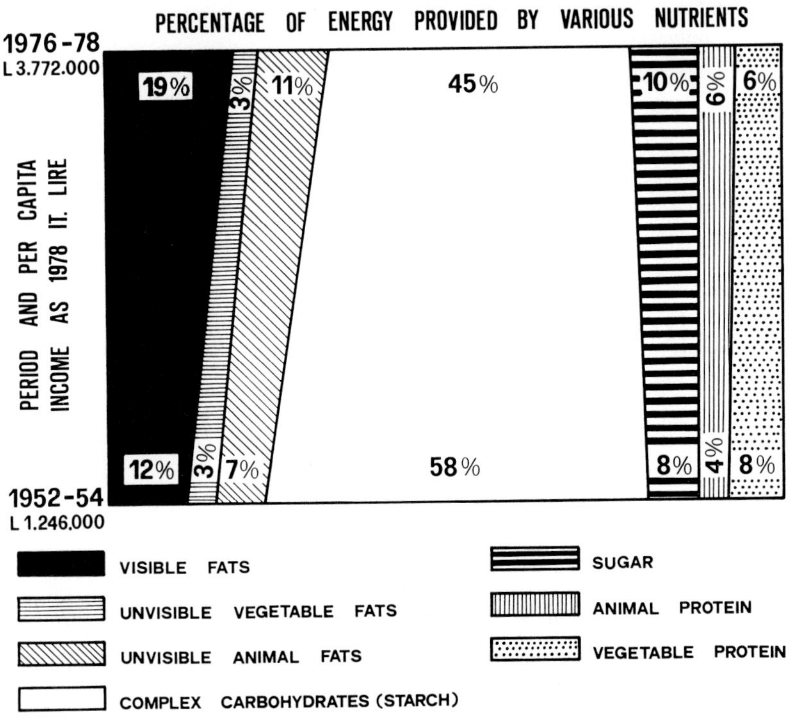


*Fig. 2.* Change of percent of total energy from various food components from 1952–1954 to 1976–1978.

*Table IV.* Degree of self-sufficiency for some foods in Italy

| | 1960 | 1970 | 1978 |
|---|---|---|---|
| Meat | 81 | 74 | 72 |
| Beef only | 77 | 60 | 61 |
| Fresh fish | 92 | 88 | 79 |
| Eggs | 81 | 98 | 97 |
| Milk | 100 | 98 | 84 |
| Cheese | 99 | 82 | 76 |
| Wheat | 94 | 90 | 79 |
| Sugar | 97 | 78 | 86 |

1975 has organized in 1978 eight courses on food and human nutrition for teachers of scientific subjects in compulsory high schools of the following large towns: Ancona, Bari, Bologna, Milano, Napoli, Parma, Palermo and Roma.

Participants heard lectures from experts and were involved in working parties; their interest was rather great, but unfortunately no follow-up has been carried out and no evaluation of the results has been programmed.

Recently, the Cooperative organizations became interested in food information for consumers. Nutrition labelling of food produced and distributed by them and exhibitions directed to young students were among the several didactic tools used for this purpose. Also, a strong consumer organization has been founded its main purpose being the education of the members, with use of dietitians.

In the National Health Service which is now in the starting, among other interventions, the health education of individuals is included. And in health education, nutrition education plays a great part. Most individuals seem to be well aware of their health problems but the resistance of physicians, the lack of sufficient knowledge of nutrition among staff and the indifference of politicians do not allow promising prospects. At least in some places, this could be an excellent chance to motivate individuals and administrators for a real change.

Among nutrition intervention programmes at the regional and local level, mention has to be made of those carried out by the six Food Education and Research Centers of the Ministry of Agriculture and particularly of the one in Perugia operating in close connection with our Institute. In the last 10 years primary attention has been focussed on appropriate methodology for growing individuals. In our intervention programmes in kindergartens, compulsory elementary and high schools, children, teachers and parents have been simultaneously involved with meetings in collaboration with psychologists, physiologists, pediatricians, physicians and chemists responsible of food fraud suppression [*Fidanza and Alberti Fidanza*, 1980].

Our goal is to induce the individual, while discussing his/her nutrition in its various aspects, to consciously realize the changes needed to rationalize his/her diet. We are convinced that it is not enough to limit the intervention to food consumption, but to extend it to all aspects of life habits related to the nutrition process. In our integrated studies, we include dietary surveys, and flux of information and, whenever possible, of motivation in food selections not only as to quantity and quality but also frequency.

Meetings with parents are on a practical basis. On these occasions in community kitchens traditional and regional dishes are prepared and consumed together, rationalized from the nutritional and economical point of view.

In the interventions for the students, the teachers – who have previously attended our courses on human nutrition and food and nutrition education – are assisted by dietitians. The nutritional message is provided with the engagement and emergent curriculum. The student is invested with a role of responsibility and his/her creativity is left free (according to age) to elaborate the applicative and speculative aspects of nutritional information provided or personally requested for knowledge.

It is necessary that the child acquires rational and correct food habits as early as possible, and that he/she establishes a sound connection with food. In kindergartens and maternal schools also, nutritional assistance to young mothers plays a key role, as we have observed in two studies carried out 5 years ago in maternal schools in Perugia and Spoleto.

In our experience, generally, the concept of disease prevention in our population is still hazy and difficult to learn, particularly for nutrition-related diseases. The latency period between cause and effect is in general too long to be readily understood and appreciated. In addition, the symbolism for some food items is so strong as to impede the success of the interventions.

In regard to mass media, although they represent potentially important tools for nutrition education, they present two main disadvantages: (1) the public cannot readily participate actively because discussion is very difficult or often impossible, and (2) for the educator continuous observation is difficult, as well as interpretation of the reaction provoked by the topic considered and its way of treatment. Consequently, he is limited in the opportunity of preparing himself adequately, according to the case, with the most effective approaches. In this type of intervention we have introduced a few items; particularly useful has been speaking in dialect, as a factor for improving general acceptability.

In any case the educational intervention cannot be limited to the mass media; their effect is generally limited only to arousing awareness. It is necessary to proceed further, with interpersonal communication and direct and continuous contact with the group to be educated in order to stimulate discussion and intensify effectiveness.

With success, we have also carried out nutrition intervention among cooks, particularly those involved in catering. Mass feeding is another important way to educate individuals, particularly if it is planned with the participation of the consumers.

The municipal administrations of large towns (e.g. Milano, Bologna, Firenze) have started food and nutrition intervention programmes. The regional organization of our country allows them by law to do that. Money has been lost in seeking the most suitable approach of intervention in each area. A major problem is the lack of experts in this particular field. Unfortunately, there is a tendency for each person involved to impose his own point of view in this multidisciplinary area of nutrition education.

We suggested during the Conference on Nutrition Education in 1975 the development of an ad hoc school to train nutrition educators. Both at the national and international level this is still an urgent need.

## *References*

Cialfa, E.; Mariani Costantini, A.; in Fidanza, Liguori, Nutrizione umana (Idelson, Napoli 1981).

Fidanza, F.; Alberti Fidanza, A.: Documenti del centro di educazione e studi sull'alimentazione di Perugia, I.N.N., Roma 1980.

Prof. Dr. F. Fidanza, Istituto dell'Alimentazione, Casella Postale 333, I-06100 Perugia (Italy)

Biblthca Nutr. Dieta, No. 32, pp. 40–46 (Karger, Basel 1983)

# L'éducation nutritionnelle en France

*A. François*

Centre National de Coordination des Etudes et Recherches sur la Nutrition et l'Alimentation, Paris, France

Dans le processus de développement moderne, les nations visent, d'une part, à promouvoir le progrès technique et l'innovation technologique afin de devenir plus compétitives au plan international et de pouvoir vendre et exporter davantage. Mais elles cherchent, d'autre part, à maîtriser le progrès technique afin de respecter les valeurs humaines et la qualité de la vie, l'état de santé constituant l'élément le plus important. La prévention des maladies est un objectif social, parce que la maladie et la mort sont redoutées par les individus et par leur entourage, mais il faut souligner que les conséquences économiques de la maladie sont très lourdes pour les collectivités nationales.

Dans ce cadre général, l'agro-industrie constitue un modèle particulièrement important, en raison du poids économique de ce secteur, mais aussi du coût des maladies de la nutrition. Il importe en conséquence de mieux maîtriser les inconvénients d'une consommation alimentaire anarchique, ou tout au moins qui ne serait pas suffisamment en harmonie avec les besoins physiologiques de chacun des individus.

L'éducation nutritionnelle est ainsi considérée, en France, comme un aspect particulier d'une question très générale qui est celle des relations susceptibles d'exister entre le développement économique, d'une part, le bien-être social d'autre part.

La portée de cette politique est donc très générale. Dans les pays industrialisés, on évitera les surconsommations alimentaires; dans les pays en développement, on recherchera, au contraire, une meilleure couverture des besoins en nutriments. Mais chaque habitant de notre planète doit avoir conscience du fossé qui sépare ces deux mondes, et des solutions à rechercher. Nous devons en effet avoir conscience du fait que les ressources alimentaires terrestres sont limitées et doivent être gérées avec rigueur. Il ne fait pas de doute que l'éducation nutritionnelle constitue l'un des éléments d'une bonne gestion du capital alimentaire mondial.

### *Politique de l'alimentation*

La France considère que l'éducation nutritionnelle doit en effet constituer un élément de ce que l'on est convenu d'appeler la politique de l'alimentation. Cette politique est basée, dans ses grandes lignes, sur une meilleure adéquation entre les orientations de la production alimentaire et les besoins des consommateurs. Il s'agit d'indiquer aux producteurs les orientations qu'il serait souhaitable de prendre, compte tenu d'un certain nombre de paramètres. Parmi ces paramètres, les relations susceptibles d'exister entre consommation et santé constituent l'un des plus importants d'entre eux. Par exemple, la consommation interne de sucre, ou de beurre, peut-elle encore augmenter, ou bien sera-t-elle limitée en raison d'impératifs diététiques? Si ce débouché interne est limité, faut-il exporter ou orienter différemment les productions? Un cas extrême s'est présenté: celui de l'huile de colza. En raison des effets physio-pathologiques suspects observés sur les animaux d'expérience, il a été décidé de modifier radicalement cette production. Une variété de colza sans acide érucique a été sélectionnée, et l'ensemble de la production a été transformée en très peu d'années. Dans les pays en développement, il s'agit d'aider à la production de cultures vivrières adaptées aux besoins nutritionnels.

La politique française de l'alimentation repose sur un certain nombre d'actions sectorielles, à savoir:

1) Le développement de la recherche en nutrition humaine et en toxicologie alimentaire. Il s'agit en effet en priorité de mieux asseoir les bases des *apports nutritionnels conseillés*, et, d'autre part, de mieux connaître les causes de *nocivité* éventuelle des aliments. Aussi, la Délégation Générale à la Recherche Scientifique et Technique (DGRST) a-t-elle lancé, dès 1980, des actions de recherche dans ces domaines scientifiques et médicaux. Nous envisageons également de renforcer les laboratoires d'expertise toxicologique.

2) Le développement des enseignements de la nutrition à l'école et à l'université. En effet, l'impact de l'éducation nutritionnelle sera d'autant

meilleur que chaque citoyen aura reçu une formation de base elle-même plus solide.

Dans cette optique, nous avons introduit, récemment, en France la nutrition à l'école élémentaire (enfants de 6–11 ans). Cet enseignement n'est pas obligatoire, mais le Ministère de l'Education a mis à la disposition de toutes les écoles les documents pédagogiques qui permettent aux instituteurs d'enseigner les bases de l'alimentation. Au niveau universitaire, un enseignement spécifique de la nutrition a été créé et rendu obligatoire dans le cadre des études médicales. Ainsi, l'éducation nutritionnelle pourra se transmettre, à terme, par des intermédiaires compétents et se développer sur un terrain préparé.

3) L'adaption aux besoins actuels de la règlementation et des structures d'examen des demandes d'autorisation d'emploi de produits et de procédés nouveaux. Il s'agit de renforcer la rigueur scientifique, cependant déjà bonne, des procédures d'examen. Cela aura pour effet de renforcer, aux yeux des consommateurs, la confiance qu'ils peuvent avoir dans l'ensemble du système français, et par là même d'aider à l'éducation nutritionnelle, qui doit être basée sur la confiance. Les consommateurs ont peur des technologies nouvelles. Il faut donner des assurances basées sur la connaissance scientifique, et le faire savoir.

4) L'information. Il s'agit d'un point évidemment capital. Déjà, le Centre National de Coordination des Etudes et Recherches sur la Nutrition et l'Alimentation (CNERNA) est un organisme qui dépend du CNRS, et qui a reçu, entre autres missions, de diffuser l'information dans le domaine de la nutrition et de la science des aliments. Cette mission vient d'être renforcée par la création d'un Centre d'Etude et d'Information sur l'Alimentation. L'information doit se faire à différents niveaux. Pour ce qui est du niveau des travaux scientifiques originaux, il convient de rappeler que le Centre National de la Recherche Scientifique éditait, sous le patronage scientifique du CNERNA, les *Annales de la Nutrition et de l'Alimentation.* Le 1er Janvier 1981, ce périodique a fusionné avec *Nutrition and Metabolism.* Le nouveau périodique, *Annals of Nutrition and Metabolism* est édité par Karger SA. Il a une vocation européenne.

Les Commissions d'étude du CNERNA constituent un lieu privilégié où s'effectue le transfert direct des connaissances entre la recherche d'Etat et les représentants des secteurs socio-économiques intéressés par l'alimentation. En effet, à propos de thèmes divers, des groupes d'experts appartenant à tous les secteurs concernés s'informent mutuellement, refléchissent, et font des propositions aux pouvoirs publics.

Les fiches pédagogiques destinées à l'enseignement élémentaire ont été, par exemple, élaborées par l'une de ces commissions. D'autres ont élaboré les bases scientifiques et techniques de l'utilisation des enzymes en technologie alimentaire, ce qui a permis d'en déduire un texte juridique. D'autres encore se sont penchés sur les apports nutritionnels conseillés, ou sur les bases méthodologiques de l'éxperimentation en toxicologie alimentaire.

Certes, il s'agit là d'un aspect marginal de l'éducation nutritionnelle, mais, dans le cadre d'une politique générale, il ne nous paraît pas hors de propos de situer la formation des professionnels; l'industrie alimentaire a en effet souvent tendance à négliger les aspects nutritionnels.

### *Concepts et critères de l'éducation*

L'éducation nutritionnelle doit avoir pour but d'apprendre aux citoyens à faire des choix. Les principaux moteurs de l'achat de produits alimentaires sont en effet a) les pulsions irrationnelles vers les aliments que l'on aime (pour des raisons personnelles, culturelles, religieuses, etc.); b) les critères d'ordre diététique (aliments nourrissants, légers, riches en calcium, etc.); c) l'abondance et le prix des denrées et d) la peur (qui est un élément négatif): peur de la nocivité (cas des additifs: colorants, hormones, antibiotiques), peur des aliments nouveaux.

Il importe d'apprendre à tout consommateur à intégrer ces différents paramètres, de façon à le conduire à des choix raisonnables. Par exemple, l'acheteur substituera, pour des raisons de prix, des produits laitiers bon marché à une viande jugée trop chère. Il choisira le fromage qu'il préfère. Il faut également apprendre au consommateur la raison de l'utilisation des additifs en technologie alimentaire, et lui dire que les autorisations d'emploi de ces additifs sont basées sur des expérimentations toxicologiques longues et sérieuses attestées par des organisations internationales telles que la FAO et l'OMS. En bref, nous allons vers une alimentation raisonnable. Il n'est pas question d'imposer, de façon normative, des rations alimentaires. Au contraire, liberté et responsabilité doivent être les bases des choix alimentaires. Il est donc indispensable d'apprendre aux consommateurs à choisir leurs aliments en toute connaissance de cause.

Pour que ces efforts ne soient pas vains, il est capital que celui qui reçoit le message ait confiance. Il faut donc que le message d'éducation nutritionnelle soit pertinent, objectif et formulé de façon claire et que le vocabulaire utilisé soit compris de tous.

### *Structures et méthodes de travail*

L'alimentation se situe à un carrefour entre la production alimentaire et la santé. La France a reconnu cette évidence et a créé le Conseil National de l'Alimentation qui est coprésidé par le Ministre de l'Agriculture et par le Ministre de la Santé. Cette création récente fait suite aux travaux du Groupe Interministériel de Politique Alimentaire, qui a été créé en 1978, et qui a fixé les orientations de la politique alimentaire qui ont été décrites précédemment.

La concertation entre quatre partenaires a été reconnue indispensable. Le Conseil National de l'Alimentation groupe ainsi des scientifiques, des professionnels, des consommateurs, des responsables des secteurs administratifs (santé, agriculture, etc.). La concertation entre ces partenaires doit permettre de dégager des concepts communs, chaque fois que cela est possible. Cette méthode de concertation a été déjà employée avec succès par le CNERNA et par le Groupe Interministériel de Politique Alimentaire. Elle devrait être également fructueuse au sein du nouveau Conseil National de l'Alimentation. Le dialogue direct entre production d'aliments et consommation nous paraît en effet indispensable pour poser franchement certains problèmes; l'expérience nous a aussi appris que bien des équivoques se trouvaient dissipées par ce dialogue direct. C'est également un gage de crédibilité des messages d'éducation, lorsqu'ils sont approuvés par toutes les parties concernées.

### *Responsabilités et limites de l'éducation nutritionnelle*

L'éducation nutritionnelle peut être destinée aux citoyens de base, c'est-à-dire au grand public. Elle peut aussi s'adresser aux formateurs: professeurs, médecins, diététiciens, techniciens de la consommation. Elle peut s'adresser enfin aux secteurs professionnels (industries, mais aussi cuisiniers de la restauration collective) et aux secteurs administratifs. Il va de soi que les niveaux et les méthodes d'éducation sont différentes dans chaque cas.

Il faut encore distinguer les organismes qui ont pour mission d'élaborer les messages d'éducation nutritionnelle, et ceux qui ont pour spécialité de diffuser ce type d'information. Ainsi, en France, les bases de l'éducation nutritionnelle sont définies par l'Etat. Sont particulièrement concernés:

le Centre National de Coordination des Etudes et Recherches sur la Nutrition et l'Alimentation (CNERNA), qui dépend du Ministère de la Recherche;

le Centre National de Documentation Pédagogique (CNDP) et l'Institut National de Recherche Pédagogique (INRP), qui dépendent du Ministère de l'Education Nationale et

certains services spécialisés: services vétérinaires pour l'hygiène de l'alimentation, par exemple (Ministère de l'Agriculture).

La diffusion est plus particulièrement du ressort:

du Comité Français d'Education pour la Santé (Ministère de la Santé) et

de l'Institut National de la Consommation (Ministère de l'Economie).

Les moyens d'expression peuvent être la forme écrite (fiches pédagogiques du CNDP). La radio et la télévision sont des moyens de diffusion utilisées par le Comité Français d'Education pour la Santé (campagne «Mangez juste»). Ce même comité a également diffusé un jeu de cartes éducatif basé sur les principes de la nutrition. Il vient de préparer des fiches de préparation culinaires utilisables par les ménagères.

L'exposition constitue une méthode active appréciée. C'est le cas du Palais de la Découverte, qui comporte une exposition permanente. Un ordinateur permet aux visiteurs de calculer leurs rations alimentaires.

Le secteur privé s'intéresse également à l'éducation nutritionnelle. L'industrie alimentaire dans son ensemble a créé le Centre d'Information sur l'Alimentation (CRIA). La Fondation Française pour la Nutrition est également concernée. En outre, des branches interprofessionnelles ou professionnelles éditent et diffusent des documents souvent de grande qualité. C'est le cas, par exemple, de la meunerie, de l'interprofession laitière, ou de la conserve. Des firmes, enfin, s'engagent elles-mêmes dans cette voie.

Il faut se réjouir de l'intérêt manifesté par le secteur privé pour le secteur de l'éducation nutritionnelle.

Il existe toutefois deux limites à la diffusion de documents d'éducation nutritionnelle élaborés par les professions. D'abord, en aucun cas, il ne peut s'agit de documents promotionnels. L'autre limite ne concerne pas exclusivement le secteur privé. La réflexion est la suivante: l'abondance et la répétition de messages d'éducation nutritionnelle provenant à la fois de l'Etat et du secteur privé peut lasser les citoyens. Le risque de saturation et de rejet de l'information doit être médité et doit conduire non seulement à l'étude des bases pédagogiques de l'éducation nutritionnelle, mais encore à ses aspects sociologiques et psychologiques.

Un autre danger réside dans les différences de concept ou d'expression entre les différents documents. Pour éviter ce danger, une instance d'information mutuelle et de concertation sera mise en place par le CNERNA. Toux ceux qui le désirent pourront faire examiner leurs textes, afin de vérifier leur bonne harmonie avec les autres messages.

Enfin, la question de l'efficacité de l'éducation nutritionnelle est une question que l'on doit toujours de poser.

Une récente décision américaine fixe des objectifs très précis. Ainsi, en l'an 2000, 70% des citoyens américains devront connaître les bases de la nutrition. Nous n'avons pas, en France, fixé des objectifs aussi précis qu'ambitieux, mais nous avons le sentiment d'avoir fait, depuis quelques années, un effort appréciable dans tous les domaines qui touchent à la nutrition, et notamment dans le domaine de l'éducation nutritionnelle.

Prof. Dr. A. François, Centre National de Coordination des Etudes et Recherches sur la Nutrition et l'Alimentation, 72, rue de Sèvres, F-75007 Paris (France)

Biblthca Nutr. Dieta, No. 32, pp. 47–54 (Karger, Basel 1983)

# Ernährung und Arteriosklerose – Möglichkeiten für die Prävention

*G. Schlierf, L. Arab, P. Oster, B. Schellenberg*

Klinisches Institut für Herzinfarktforschung,
Medizinische Universitätsklinik Heidelberg, BRD

Die Rolle der Ernährung in der multifaktoriellen Genese der Arteriosklerose ist durch zahllose epidemiologische und experimentelle Untersuchungen belegt. Als logische Konsequenz werden solche Ernährungsmassnahmen zur Prävention der Arteriosklerose empfohlen, deren kausale Rolle bei ihrer Entstehung gesichert ist.

Der folgende Beitrag gliedert sich in drei Abschnitte. Mit Bezug auf die speziellen ernährungsabhängigen Risikofaktoren wird zuerst auf Übergewicht im Zusammenhang mit der Atherosklerose bzw. ihren Komplikationen eingegangen, dann auf das «Fettproblem» und schliesslich auf Fragen zum Salzkonsum. Der Beitrag wird dadurch aktualisiert, dass wo immer möglich zur Illustration Daten aus dem Heidelberger Raum vorgestellt werden. Eine Vorbemerkung sei noch angefügt: Die experimentelle Bearbeitung von Fragen zur Entstehung und gegebenenfalls Rückbildung der Atherosklerose ist dadurch ungewöhnlich schwierig, dass sich die Störung über Jahrzehnte, im Jugendalter beginnend, im Laufe des Erwachsenenalters weiter entwickelt, um dann in der Regel erst in der 6. oder 7. Lebensdekade zu Komplikationen in Form ausgeprägter Gefässstenosen bzw. Gefässverschlüsse zu führen. Beim Auftreten klinischer Symptome handelt es sich in der Regel um ein weit fortgeschrittenes Stadium der Erkrankung und vielfach treten Ursachen, die die Entstehung des Krankheitsbildes ausgelöst haben, mehr oder weniger weit zurück gegenüber Phänomenen, die sich, wie beispielsweise Gerinnungsstörungen, eigengesetzlich weiterentwickeln. So kann dann häufig nicht mehr erwartet werden, dass die Ausschaltung der initialen pathogenen Faktoren noch wesentliche Veränderungen im Krankheitsverlauf bewirken kann. Es scheint sehr viel sinnvoller zu versuchen, die Entstehung des Prozesses frühzeitig zu verhüten oder sein Fortschreiten in einem frühen Stadium zu verlangsamen.

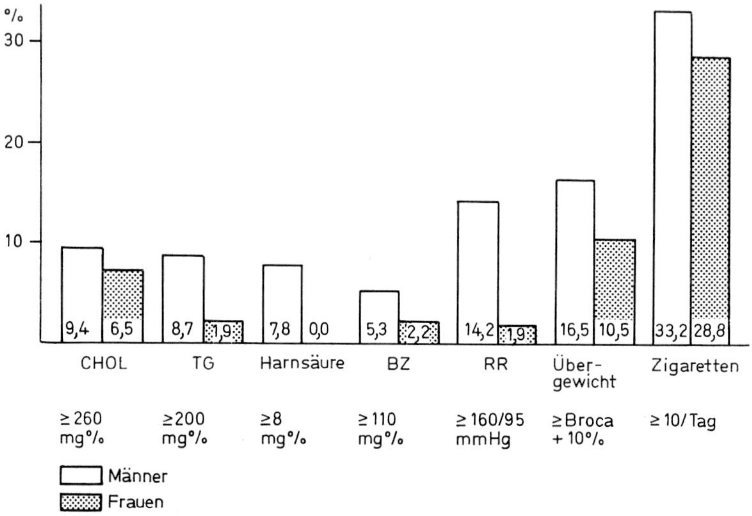


*Abb. 1.* Häufigkeit kardiovaskulärer Risikofaktoren bei Heidelberger Frauen und Männern [*Arab* et al., 1981]. CHOL = Cholesterin; TG = Triglyzeride; BZ = Blutzucker; RR = Blutdruck.

## *Risikofaktor Übergewicht*

Aus einer Querschnittstudie zum Ernährungs- und Gesundheitszustand junger Heidelberger Frauen und Männer zeigt Abbildung 1 die Häufigkeit der konventionellen Risikofaktoren, also der Hypertonie, der Hyperlipidämie, der Adipositas und des Zigarettenrauchens. Andere Studien hatten gezeigt, dass diese Risikofaktoren zusammen etwa 60% der Varianz für Auftreten bzw. Nichtauftreten der koronaren Herzkrankheit erklären. So gibt es natürlich noch ein unerforschtes Gebiet auf der Landkarte ätiologischer Faktoren, in dem weiter zu forschen notwendig ist. Abbildung 1 bestätigt Befunde anderer, dass die Häufigkeit von Hypercholesterinämien und Hypertriglyzeridämien bei den Männern jeweils etwa 10% beträgt und damit sehr viel höher liegt als bei den Frauen. Dies gilt auch für die Prävalenz der Hypertonie und jene der Adipositas, während nur beim Zigarettenrauchen Männer und Frauen etwa gleichziehen. Die konventionellen Risikofaktoren sind nicht nur häufig, sie häufen sich auch. Aus dem Raum Heidelberg, und zwar jetzt bei 30- bis 60jährigen, zeigt Tabelle I [*Nüssel* et al., 1980] die entsprechenden Daten. Demnach findet sich beispielsweise bei der Gruppe der 50- bis 60jährigen Männer nur in 23% kein Risikofaktor; 35%

*Tabelle I.* Häufigkeit des kombinierten Auftretens der in Abb. 1 erfassten Risikofaktoren bei 30- bis 59jährigen Männern und Frauen aus Wiesloch und Eberbach

| Risikofaktorenanzahl | Altersklasse | | | | | | | |
|---|---|---|---|---|---|---|---|---|
| | 30–39 | | 40–49 | | 50–59 | | Gesamt | |
| | n | % | n | % | n | % | n | % |
| *Männer* | | | | | | | | |
| 0 | 412 | 29 | 412 | 25 | 273 | 23 | 1 097 | 26 |
| 1 | 512 | 36 | 528 | 33 | 430 | 35 | 1 470 | 34 |
| 2 | 312 | 22 | 365 | 23 | 293 | 24 | 970 | 23 |
| 3 | 130 | 9 | 213 | 13 | 152 | 12 | 495 | 12 |
| 4 | 53 | 4 | 64 | 4 | 52 | 4 | 169 | 4 |
| 5 | 8 | 0 | 26 | 2 | 18 | 2 | 52 | 1 |
| 6 | 1 | 0 | 2 | 0 | 2 | 0 | 5 | 0 |
| 7 | 0 | 0 | 0 | 0 | 1 | 0 | 1 | 0 |
| Gesamt | 1 428 | 100 | 1 610 | 100 | 1 221 | 100 | 4 259 | 100 |
| *Frauen* | | | | | | | | |
| 0 | 790 | 55 | 772 | 46 | 480 | 30 | 2 042 | 43 |
| 1 | 490 | 35 | 579 | 35 | 545 | 34 | 1 614 | 34 |
| 2 | 119 | 8 | 233 | 14 | 380 | 23 | 732 | 16 |
| 3 | 27 | 2 | 56 | 3 | 166 | 10 | 249 | 5 |
| 4 | 2 | 0 | 28 | 2 | 51 | 3 | 81 | 2 |
| 5 | 1 | 0 | 2 | 0 | 7 | 0 | 10 | 0 |
| 6 | 1 | 0 | 0 | 0 | 4 | 0 | 5 | 0 |
| Gesamt | 1 430 | 100 | 1 670 | 100 | 1 633 | 100 | 4 733 | 100 |

Aus *Nüssel* et al. [1980].

weisen einen, 24% zwei und 12% drei der gezeigten Risikofaktoren auf. Es ist ein besonderer Vorzug von Ernährungsmassnahmen, dass eine einzelne Massnahme häufig mehrere Risikofaktoren in gewünschtem Sinn beeinflussen kann, insbesondere wenn sie sich gegen den «Risikofaktor» für Risikofaktoren, nämlich die Adipositas, richtet.

Übergewicht ist, das zeigen Studien in den USA und in Europa, «altersabhängig». Beispielsweise sind von den 20jährigen Heidelberger Männern noch etwa 50% idealgewichtig und nur etwa 15% übergewichtig (10% oder mehr über dem Broca-Index von 1); bei den 40jährigen ist dies etwa umgekehrt. Jetzt sind nur noch zirka 16% «idealgewichtig» und fast 50% nach

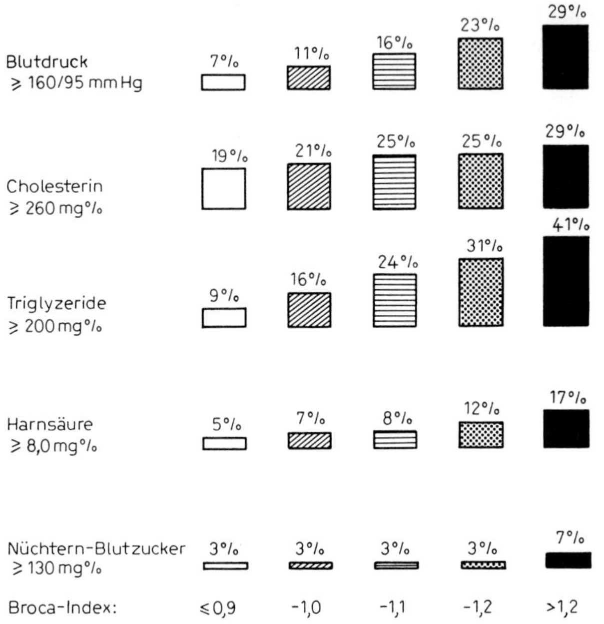


*Abb. 2.* Risikofaktoren in Abhängigkeit vom Körpergewicht 30- bis 60jähriger Männer (WHO-Projekt CVD 018, Heidelberg, Oktober 1977) [Ernährungsbericht, 1980].

den eben genannten Kriterien übergewichtig. Übergewicht – dies belegen nun wieder unter anderem Daten von *Nüssel* et al. [1980] – begünstigt das Auftreten und erhöht die Häufigkeit der anderen Risikofaktoren (Abb. 2). Die Wege, auf denen diese pathogenetischen Zusammenhänge ablaufen, sind zum Teil gut bekannt. So sind bei Übergewichtigen Produktionsraten von Triglyzeriden und Cholesterin vermehrt und ist, wahrscheinlich durch die Hyperinsulinämie, die Natriumausscheidung im Urin vermindert. Wo Übergewicht die Ursache oder Mitursache anderer Risikofaktoren ist, dient Gewichtsreduktion als probates und immer erstes Mittel zur Beeinflussung der genannten Risikofaktoren.

### *Fettprobleme*

Der «Fettfrage», der Problematik der Nahrungsfette, der Blutfette und der Arteriosklerose, wird man dann gerecht, wenn man – und das ist selbstverständlich – anerkennt, dass die Cholesterinkonzentration nicht nur durch

*Tabelle II.* Einfluss diätetischer Massnahmen auf den Cholesteringehalt [*Lewis*, 1979]

| | |
|---|---|
| Verminderte und modifizierte Zufuhr von Fett (30%, P/S 1.0) | –21 mg/dl |
| Verminderte Cholesterinzufuhr (< 200 mg) | – 8 mg/dl |
| Erhöhte Zufuhr von Ballaststoffen (6 → 46 g) | – 8 mg/dl |
| Modifizierte Eiweisszufuhr (Steigerung des Verzehrs pflanzlicher Lebensmittel auf Kosten tierischer Proteinträger) | – 8 mg/dl |
| | –45 mg/dl |

*Tabelle III.* Wichtigste Quellen gesättigter Nahrungsfette und wichtigste Quellen von Nahrungscholesterin (Heidelberg-Studie, 20- bis 40jährige Männer) [*Schlierf*, 1981]

| Gesättigte Nahrungsfette | | Nahrungscholesterin | |
|---|---|---|---|
| Fleischwaren | 36% | Eier | 30% |
| Fleisch | 22% | Fleisch | 25% |
| Butter | 13% | Fleischwaren | 18% |
| Käse | 8% | Butter | 7% |
| | ∼ 80% | | ∼ 80% |

Fette und der Gefässprozess nicht nur durch den Cholesteringehalt beeinflusst wird.

Der seit langem bekannte und in vielen Studien beschriebene «Altersanstieg» der Cholesterinkonzentration ist im wesentlichen Folge des mit dem Alter vermehrt auftretenden Übergewichts oder, bei dann noch Normalgewichtigen, der jahre- bis jahrzehntelangen Fehlernährung. Dieses Phänomen lässt sich auch anhand der Heidelberger Daten darstellen. Die Häufigkeit der Hypercholesterinämie (über 260 mg%) oder Hypertriglyzeridämie (über 200 mg%) bei 20jährigen Männern beträgt 2–4%, bei den 40-jährigen 10–20%.

Nachdem neben der Überernährung soeben die Fehlernährung als manifestationsfördernder Faktor der Hyperlipidämien erwähnt wurde, sei die quantitative Auswirkung von Manipulationen verschiedener Nahrungsfaktoren unter isokalorischen Bedingungen nach einer Zusammenstellung von *Lewis* [1979] in Tabelle II wiedergegeben. Die Tabelle zeigt, dass die Fette zwar ein wichtiger, aber nicht ausschliesslicher Faktor zur Manipulation der Cholesterinkonzentrationen sind; andere Faktoren sind in der Art und

Menge von Ballaststoffen und in den Proteinquellen zu suchen. Widmen wir uns noch für einige Minuten dem «Fettproblem». So zeigt Tabelle III die vier Lebensmittelgruppen, die für den grössten Anteil an der Zufuhr gesättigter Fette und an der Zufuhr von Nahrungscholesterin verantwortlich sind. Diese Lebensmittel, und zwar in der angegebenen Reihenfolge, sind es, deren Konsum beeinflusst werden muss, wenn prophylaktische oder therapeutische Massnahmen bei Patienten mit Fettstoffwechselstörungen zur Diskussion stehen.

*Kochsalz und Hypertonie*

Ein weiterer ernährungsabhängiger Risikofaktor ist die Hypertonie. Das Bluthochdruckleiden, der häufigste Risikofaktor bei Erwachsenen, findet sich, wie Abbildung 1 und 2 zeigen, bei 10–20% junger Männer und bei 20–30% älterer Übergewichtiger. Entsprechend der manifestationsfördernden Rolle der Adipositas lassen sich leichtere Formen der Hypertonie durch eine erfolgreiche Gewichtsreduktion ohne Medikamente normalisieren. Der andere Ernährungsfaktor mit Einfluss auf den Blutdruck ist der Kochsalzgehalt der Kost. Sowohl in verschiedenen Populationen als auch im klinischen Versuch korreliert die Kochsalzzufuhr mit dem Blutdruck, und zahlreiche Theorien zum Kausalzusammenhang werden diskutiert. Bevor man nun daran geht, den Salzgehalt der Kost manipulieren zu wollen, sind einige Daten zum «Ist-Zustand des Salzverzehrs» von Interesse. Hier stimmen die Daten aus Heidelberg mit solchen aus den USA, aus Grossbritannien und aus Australien überein. Der Salzverzehr, gemessen an der Natriumausscheidung im 24-Stunden-Urin, liegt bei 20- bis 40jährigen Heidelberger Männern über 11 g/Tag, etwa zwei Drittel ist Salz in Nahrungsmitteln (Tab. IV). Die Salzausscheidung und damit der Salzverzehr steigt zwischen dem 20. und 40. Lebensjahr um etwa 20% an. Dieser Anstieg verursacht wahrscheinlich zusammen mit der Gewichtszunahme den Blutdruckanstieg mit dem Alter. Tabelle IV ermöglicht auch die Ableitung der Prinzipien einer kochsalzreduzierten Kost: Es geht offensichtlich nicht nur darum, das Zusalzen am Tisch und das Salz in der Küche ins Auge zu fassen; es geht auch nicht so sehr um gesalzene Nüsse und Gewürzgurken, sondern vielmehr um «ganz gewöhnliche» Lebensmittel wie Brot und Wurst, deren (relativ) hoher Salzgehalt unter Berücksichtigung der üblicherweise genossenen Mengen die hohe durchschnittliche Salzzufuhr bedingen. So lässt sich also eine salzarme Kost nicht mit dem Ratschlag realisieren, stark gesalzene

*Tabelle IV.* Hauptquellen für die Zufuhr von Natrium (2) mit Nahrungsmitteln [*Schlierf* et al., 1981]

| | % | Mittelwert, g/Woche |
|---|---|---|
| 1. Gebäck | 31,2 | 5,73 |
| 2. Fleischwaren | 26,2 | 4,81 |
| 3. Brot | 18,5 | 3,40 |
| 4. Käse | 8,6 | 1,58 |
| 5. Fisch, Fischwaren | 4,4 | 0,80 |
| 6. Fleisch | 4,2 | 0,78 |
| Gesamt | 93,1 | 17,10 |

Lebensmittel wegzulassen, weil der Verbraucher darunter die soeben genannten, die beispielsweise in Heidelberg einen wichtigen Teil der Abendmahlzeit bilden, nicht versteht. Von den Alternativen, auf salzarme Varianten auszuweichen oder die Art der Ernährung grundsätzlich zu ändern, wird häufig letztere aus Geschmacksgründen zu bevorzugen sein. Nachdem Fleisch und insbesondere Fleischprodukte sowohl als wesentliche Lieferanten von gesättigten Fetten als auch von Natrium anzusehen sind, ist der stark gestiegene Konsum in diesem Bereich präventiv-medizinisch besonders bedenklich. Ohne dem Vegetarismus das Wort reden zu wollen, stünde uns allen, und insbesondere den für Risikofaktoren Anfälligen, eine Rückkehr zur Ernährung der Eltern und Grosseltern wohl an: Brot und Kartoffeln und nicht Fleisch und Wurst stellten nach Massgabe der Verbrauchsstatistiken die wesentlichen Teile der Mahlzeit dar. Sicher haben unsere Grosseltern durchaus gelegentlich fett gegessen; insgesamt wurden aber nur etwa 30% der Nahrungsenergie in Form von Fett aufgenommen, ein Ernährungsziel, das zahlreiche sachverständige Gremien zur Prophylaxe von Herz-Kreislauf-Erkrankungen wieder ganz in den Vordergrund stellen. Der Wege zu diesem Ziel sind viele: Neue Lebensmittel auf der einen Seite und Rezepte aus Omas Küche werden hier einen geeigneten Platz finden. Sowohl epidemiologische Langzeitstudien als auch klinische Untersuchungen liefern immer bessere Argumente, dass eine Prävention und unter Umständen sogar Rückbildung arteriosklerotischer Veränderungen durch die Beeinflussung von Risikofaktoren möglich ist. Die Lebensweise und insbesondere die Ernährung hat hier einen wichtigen Platz.

*Literatur*

Arab, L.; Schellenberg, B.; Schlierf, G.: Ernährung und Gesundheit. Eine Untersuchung bei jungen Frauen und Männern in Heidelberg. Beitr. Infusionstherapie klin. Ernähr., vol. 7 (Karger, Basel 1981).

Deutsche Gesellschaft für Ernährung: Ernährungsbericht 1980 (Henrich, Frankfurt a.M. 1980).

Lewis, B.: Conference on the health effects of blood lipids – optimal distributions for populations. Prev. Med. *8:* 679 (1979).

Nüssel, E.; Buchholz, L.; Ebschner, K.J.; Bergdolt, H.; Morgenstern, W.: Die Gemeinde als Ansatzstelle für eine Prävention. Internist *21:* 437–445 (1980).

Schlierf, G.: Primäre und sekundäre Prävention kardiovaskulärer Erkrankungen – metabolische Aspekte. Internist *22:* 68 (1981).

Schlierf, G.; et al.: Zum Kochsalzverbrauch in Deutschland. Akt. Ernährungsmed. *6:* 123 (1981).

Prof. Dr. G. Schlierf, Klinisches Institut für Herzinfarktforschung an der Medizinischen Universitätsklinik Heidelberg, D-6900 Heidelberg (FRG)

Biblthca Nutr. Dieta, No. 32, pp. 55–66 (Karger, Basel 1983)

# Importance of Proteins and Protein Quality

*Arnold E. Bender*

Department of Nutrition, Queen Elizabeth College, University of London, London, England

Interest in proteins and protein quality originated at the beginning of the 19th century and was revived 150 years later for almost identical reasons.

Wet weather early in the 19th century led to spoilage of cereals and a scarcity of food in parts of Europe. The Academy of Paris appointed a Gelatin Commission in 1815 to inquire whether gelatinous extract of bones could properly replace meat in the diet. In 1817 the Society for the Promotion of Arts in Geneva investigated the practicability of utilizing the nutriment contained in bones [*McCollum*, 1957].

In the 1950s the rapid growth of the population and potential problems epitomized by the term 'protein gap' stimulated research on novel sources of protein – oilseed residues, fish meal, single-cell protein, and leaf extract – again inquiring about their protein quality. As recently as 1980 the British Department of Health and Social Security published a Report on Foods intended to simulate meat in which the protein quality of such material should approximate to that of meat [Department of Health, 1980].

*Magendie* reported on behalf of the Gelatin Commission in 1841 that dogs could not be maintained on gelatin alone or bread alone or bread and gelatin – a finding described as being astonishing to physiologists, but indicating that proteins differ in nutritional value. Muscular flesh, together with fats and mineral salts, was stated as sufficient for complete and prolonged nutrition. Raw bones were said to do the same, but only in larger quantities and wheat gluten also satisfied nutrition, but the Commission was unable, as still today we are unable, to decide whether the results of animal experiments could be applied to man [*McCollum*, 1957].

The Society for the Promotion of Arts reported that 2 kg of bones yielded 500 g of gelatin and that soup made from it was as nutritious as soup made from 3 kg of meat.

*Proteios – Primary*

It was long known that man and his animals required a source of energy and salts together with albuminous substances – a term first mentioned by *Macquer* in the second edition of his dictionary in 1777 and derived from *Pliny's* term 'albumin' for white of egg. *Macquer* concluded that the gelatinous matter of animals is the true animal substance while the Swiss physiologist *Albrecht von Haller* in 1757–1765 expressed the same view in his compilation of existing knowledge by stating that half the animal body is composed of jelly.

*Mulder*, the Dutch chemist, found that a wide variety of substances, including albumin, fibrin and casein, all contained the same amounts of carbon, nitrogen, hydrogen, oxygen, and sulphur and so were presumably identical. At the suggestion of the Swedish chemist, *Berzelius*, he introduced the term 'protein' as recently as 1839 and all substances that we know as proteins were regarded as being the same substance modified only by being combined with different proportions of water.

Proteins have long been considered the most important of the nutrients hence the name, derived from the Greek 'proteios' for primary or 'protos' meaning first. In fact the body has first call on the diet for energy, and if the diet is inadequate in quantity, i.e., in the amount of energy that it provides, then the protein is oxidized to supply energy instead of being used for tissue replacement.

The importance of proteins received a considerable emphasis from 1950 onwards with promotion of what was termed 'the protein gap'. It was argued that the demands of a rapidly increasing world population for energy could be readily met by the farmer producing increased amounts of cereals, while it is more difficult and more costly in land use to produce protein-rich foods. However, cereals contain 8–12% protein (and some varieties of hard wheats contain more protein than some meat) so if sufficient is eaten to satisfy the energy needs the protein requirements will be satisfied at the same time. The error of emphasizing proteins arose for two reasons. Firstly, the *amount* of protein consumed per day was low in some developing countries (table I). In Indonesia, for example, at that time the consumption was only 38 g per head compared with the basic need for 45 g. However, if the intake is calculated, not in grams per day but as a percentage of the diet (energy from protein expressed as a proportion of the total energy intake), then even the poorest diets are adequate (table II illustrates different methods of calculating protein content of foods). Even the poor Indonesian diet contained 7.7%

*Table I.* Protein available per head in different countries

| Country | Protein g/day | Energy kcal/day | Energy MJ/day | Protein expressed as percent total energy |
|---|---|---|---|---|
| Western Europe | 76–96 | 2,600–3,300 | 11–14 | 11 |
| North America | 92–95 | 3,200 | 13 | 12 |
| India | 54 | 2,100 | 8.8 | 10.5 |
| Colombia | 54 | 2,300 | 9.6 | 9.6 |
| Peru | 57 | 2,150 | 9.0 | 10.5 |
| Indonesia | *38* | 1,980 | 8.3 | *7.7* |
| *Physiological requirement* | *45* | 2,700 | 11.3 | *6.7* |
| *Recommended intakes* | | | | |
| UK | | | | |
| Males | 72 | 2,900 | 12.1 | 10 |
| Females | 54 | 2,150 | 9.0 | 10 |
| USA | | | | |
| Males | 56 | 2,700 | 11.3 | 8.3 |
| Females | 46 | 2,000 | 8.4 | 9.2 |

protein compared with the need for 6.7%. The figures show that the total amount of food was inadequate – the problem was one of food rather than protein as such. Protein needs could be satisfied by supplying *more food of the same kind.* Indeed, an adequate diet of 8–10% protein can be improved from the point of view of protein by providing extra starch or fat and so sparing protein for its proper function of tissue building rather than wasting it as a source of energy.

A protein gap implies an adequate intake of energy, but an inadequate intake of protein: such diets are rare among adults if, indeed, they are found in any community since cereals are the staple food of so many countries. Even where the staple is a food very low in protein, such as cassava, arrowroot and plantain, diets almost invariably include legumes and leaves and the protein proportion does reach the required levels.

The second reason for promoting the protein gap concept was the political one of awakening the conscience of governments to the world food problems by a more dramatic approach – one that indeed succeeded for a time.

*Table II.* Dietary sources of protein, expressed in various ways

| Food | g/100 g food as eaten (cooked) | g/100 g as purchased (i.e. including waste) | g/100 g dry weight (cooked) | Protein energy as percent total energy of food |
|---|---|---|---|---|
| Bread | 8 | 8 | 20 | 13 |
| Flour, white | – | 11 | 13 | 13 |
| Rice | 2 | 2 | 7 | 7 |
| Spaghetti | 4.2 | 13.6 | 15 | 14 |
| Potatoes | | | | |
| Boiled | 1.4 | 2.1 | 7 | 7 |
| Chipped (fried) | 3.8 | – | 7 | 6 |
| Crisps | 6.2 | – | 6.2 | 4.7 |
| Beef, stewed | 31 | 20 | 72 | 56 |
| Chicken, roast | 25 | 21 | 78 | 67 |
| Fish | | | | |
| Cod (grilled) | 21 | 17 | 95 | 88 |
| Herring (fried, edible part) | 23 | 17 | 56 | 39 |
| Egg | 12 | 12 | 49 | 49 |
| Beans | | | | |
| Butter | 7 | 7 | 19 | 30 |
| Haricot, baked in sauce (canned) | 5 | 5 | 19 | 32 |
| Milk | 3.3 | 3.3 | 26.6 | 20.3 |
| Cheese | | | | |
| Cheddar | 26 | – | 41 | 26 |
| Cottage | 13.6 | – | 64 | 57 |
| Cream (47% fat) | 3 | – | 5.7 | 2.8 |

## *Protein Requirements*

It is more difficult to assess requirements for protein than it is for most other nutrients. This is because there are no specific signs of protein deficiency compared for example with vitamin deficiency diseases, and changes such as a fall in blood proteins follow gradually only after a prolonged period of protein deprivation. Consequently the figures for requirements and the corresponding figures for recommended daily intakes have varied over the years and vary between authorities in different countries (table III, VI). The current figures for *requirements* are derived from replacement of the losses that take place, the so-called obligatory nitrogen losses. However, different approaches to the amounts *recommended* are adopted by different authorities.

*Table III.* Recommended daily intakes of protein (g/d) in United Kingdom and United States

| Age, years | United Kingdom[1] | | Age, years | United States[2] | |
|---|---|---|---|---|---|
| | males | females | | males | females |
| 1 | 30 | 27 | 1–3 | 23 | |
| 2 | 35 | 32 | | | |
| 3–4 | 39 | 37 | 4–6 | 30 | |
| 5–6 | 43 | 42 | | | |
| 7–8 | 49 | 47 | 7–10 | 36 | |
| 9–11 | 57 | 51 | 11–14 | 44 | |
| 12–14 | 66 | 53 | | | |
| 15–17 | 72 | 63 | 15–18 | 54 | 48 |
| 18–34 | | | | | |
| Sedentary | 63 | | 19–22 | 52 | 46 |
| Moderately active | 72 | | 23–50 | 56 | 46 |
| Very active | 84 | | | | |
| 35–64 | | | | | |
| Sedentary | 60 | | | | |
| Moderately active | 69 | | | | |
| Very active | 84 | | | | |
| 18–54 | | | | | |
| Females, most occupations | | 54 | | | |
| Very active | | 62 | | | |
| *Males* | | | | | |
| 65–74 | 60 | | 51+ | 56 | 46 |
| 75+ | 54 | | | | |
| *Females* | | | | | |
| 55–74 | | 47 | | | |
| 75+ | | 42 | | | |
| Pregnancy | | 60 | | | +30 |
| Lactation | | 69 | | | +20 |

[1] Based on 10% of energy intake.
[2] Based on physiological calculations.

Great Britain, for example, bases its recommendations largely on palatability; since diets commonly eaten supply at least 10% protein, it is stated that this is the amount that should be recommended. 10% of the higher energy intake of subjects carrying out heavy physical work is, of course, a larger figure than that for anyone in a sedentary occupation. A superficial examination of the UK Tables for RDA thus appears to recommend more

*Table IV.* Protein losses (g)

| | |
|---|---|
| *Related to surgery* | |
| Before surgery | |
| Bleeding peptic ulcer | 90 (over 5 days) |
| Long bone fracture | 140–190 (over 10 weeks) |
| Limb burn | up to 1,000 |
| During surgery (blood loss) | |
| Gastric surgery | 9–18 |
| Pneumonectomy | 20–60 |
| Thyroidectomy | 3–12 |
| Catabolic response after surgery | |
| Herniorraphy | 18 (over 10 days) |
| Gastric resection | 50–175 (5–10 days) |
| Appendicectomy | 50 (10 days) |
| 3–4 weeks bed rest (inactivity) | 300 |

*Approximate protein loss (g) during first 10 days following injury or operation*

| | Loss of tissue | Haemorrhage or exudate | Catabolic phase | Total |
|---|---|---|---|---|
| Simple fracture of femur | – | 200 | 700 | 900–1,100 |
| Muscle wound | 500–750 | 150–400 | 750 | 1,350–1,900 |
| 35% burn | 500 | 150–400 | 750 | 1,400–1,650 |
| Gastrectomy | 20–180 | 20–100 | 625–750 | 645–850 |
| Untreated typhoid fever | – | – | 675 | 675 |

protein for heavier work but in fact simply means that heavier work calls for more food of the type normally eaten. It is argued that if the physiological need is used as the basis, then heavier work would apparently call for the addition of carbohydrate and fat rather than food.

The physiological need of adults is for about 6–7% of the energy of the diet to be supplied as protein, and this is almost always achieved on the types of food available in all western countries. It would require a very good cook to provide a palatable diet adequate in energy with this proportion of protein. Despite the fact that we consume some 70% of our diet as what are termed empty calories – sugar, fat and alcohol – we still manage to consume two or three times as much protein as we require.

Consequently there is no need to develop protein-rich supplements such as fish protein concentrate, textured vegetable protein, yeast and moulds except for economic reasons and purposes of novelty.

The developing countries have problems which are not so easily dismissed. Certainly on average the intake is adequate, and it is more food rather than more protein that is needed. Even in infants whose protein needs are relatively greater than those of adults it is usually insufficient food rather than insufficient protein that creates the problems. All this, however, is based on *averages*, and there may well be sections of the population relatively short of protein. Furthermore, the figures used for recommended daily intakes of nutrients apply, by definition, to healthy people receiving an adequate supply of all other nutrients, whereas protein losses from the body are vastly increased in infection, infestation, fever and many kinds of trauma (table IV). The amount lost and consequent dietary needs depend on the severity of the stress and cannot be estimated for communities as a whole.

It is worth emphasizing here that the needs of a child for growth are very much smaller than generally thought – only a baby during the first few months of life is growing rapidly. Between the ages of 5 and 8 years a child will gain about 10 kg or 3.3 kg per year. Assuming that the greater part of this is muscle which is three quarters water, the gain in protein is only 675 g/year or less than 2 g/day for growth – by far the greater part of the protein needs even of the young child are to maintain the existing tissues.

### *Protein Quality*

An adult needs a regular supply of protein in order to replace routine losses – the obligatory nitrogen losses. If he loses an average of 6 g of nitrogen per day then he must replace this with 6 g of dietary nitrogen as protein. He is, however, losing protein from human tissues and organs and replacing it with bread, legumes, milk, fish and meat, and it is difficult to understand how this can be achieved. The answer lies in the finding that all proteins consist of the same amino acids, food protein and tissue proteins alike; the processes of digestion and synthesis break down the dietary protein into its constituent amino acids and then rebuild them into the required tissues. It then becomes possible to visualize a discrepancy between the amino acid make-up of dietary protein and that of human tissues and organs. This is the concept of protein quality. Dietary proteins that approximate to human needs are said to be of high quality and those that differ, meaning that they are proportionately short of some of the essential amino acids, are of low quality (table V).

Protein quality discussion, with its jargon of BV, NPU, PER, NPR, etc.,

*Table V.* Protein quality

| Individual foods | Biological value[1] | Protein efficiency ratio[2] | Chemical score[3] |
|---|---|---|---|
| Human milk | 0.95–1.0 | 4.5 | 100 |
| Hen's egg | 0.95–1.0 | 4.5 | 100 |
| Cow's milk | 0.75 | 3.0 | 100 |
| Fish | 0.75 | 3.0 | 100 |
| Meat | 0.75 | 3.0 | 100 |
| Soybeans (heat-treated) | 0.7 | 2.5 | 63 |
| Casein | 0.7 | 2.5 | 60 |
| Rice, white | 0.6 | 1.0 | 60 |
| Wheat grain | 0.6 | 1.0 | 60 |
| Bread, white | 0.5 | 0.5 | 35 |
| Peas and beans | 0.35–0.50 | 0–0.5 | 25–40 |
| Maize (corn) | 0.4 | 0 | 40 |
| Gelatin | 0 | – | 0 |
| Complete diets | | | |
| Industrialized countries, based on meat, milk, wheat, biological value 0.8. | | | |
| Some developing countries, based largely on cereals, biological value 0.7. | | | |
| Some developing countries, based on cassava, etc., biological value 0.6. | | | |

[1] Retained N/absorbed N – measured on rats.
[2] Weight gain per gram protein eaten (measured on rats).
[3] Limiting amino acid, determined chemically, expressed as percentage of the same amino acid in the FAO/WHO 'reference mixture' for human beings.

has tended to be restricted to the specialists. A major reason for this may be because protein quality was being measured before we knew what it meant. The discovery of the amino acids, starting with glycine in 1820, was not completed until the discovery of threonine in 1935.

The earliest measurements of protein quality were those of *Thomas* in 1909, modified by *Mitchell* in 1924 (the Thomas-Mitchell assay of biological value by nitrogen balance). In 1915 *Osborne, Mendel and Ferry* used weight gain of experimental animals per gram of protein consumed (protein efficiency ratio) which was later adopted as the official (AOAC) method of assessment of protein quality in the United States. There have been some modifications, namely simplifications, of the Thomas-Mitchell method by measuring the nitrogen in the carcasses of the laboratory animals rather than the differences between intake and output [*Bender and Miller*, 1953]; the basic errors of the protein efficiency ratio were avoided by the inclusion of a control group of animals fed on a diet free from protein – net protein ratio

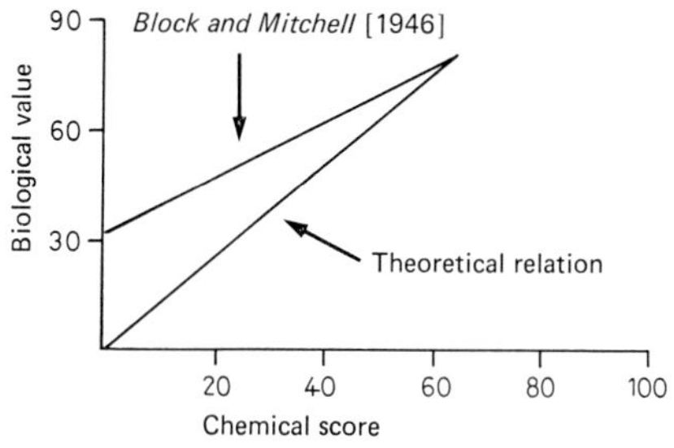


1

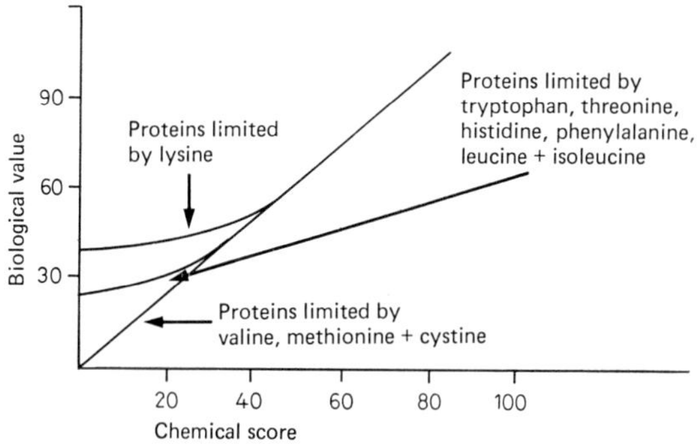


2

*Fig. 1.* Correlation between biological value and chemical composition compiled from literature data on a range of proteins [*Block and Mitchell*, 1946].

*Fig. 2.* Correlation between biological value and chemical composition measured on a range of amino acid mixtures and proteins [*Bender*, 1958, 1960, 1961].

[*Bender and Doell*, 1957]. Otherwise, these two methods remain the basis of protein quality assays.

It was not until as late as 1946 that *Block and Mitchell* showed the relation between amino acid composition and biological value and so explained that the quality of a protein depends on its amino acid make-up (fig. 1, 2).

It is interesting to note that gelatin again became a matter of interest about a century after *Magendie's* work. *Mitchell* et al. [1927] had shown that gelatin had a biological value of 25, a value that was apparently confirmed by *Mason and Palmer* [1935]. Later knowledge that gelatin is completely lacking in one of the essential amino acids, namely tryptophan, suggested that the biological value should, in fact, be zero. When we had established our modification of the Thomas-Mitchell technique we ascertained that the biological value of gelatin was, indeed, zero [*Bender, Miller and Tunnah,* 1953]. The original authors had done as their forebears had more than a century earlier. The 1817 report and that of the Academy of Paris had used the 'substance formed by boiling meat, tendons, etc.' as gelatin [*McCollum*, 1957] not purified bone gelatin. Similarly *Mitchell* and his colleagues had assayed pork cracklings, which they described as being 'largely composed of gelatin' and was later misquoted as being gelatin [American Medical Association, 1951]. The supporting evidence from *Mason and Palmer* [1935] was another mistake since they fed 10% of the dietary protein as yeast extract to supply the B vitamins which were not then available in the pure form. We were able to confirm that the addition of 10% yeast protein to gelatin raised the biological value from zero to 21 [*Bender, Miller and Tunnah,* 1953].

It is important to make clear that the protein quality of our diets is not a matter of any consequence, since we regularly eat far more protein than we need and quantity compensates for any lack of quality. There is damage to protein during food processing and even during domestic cooking. The baking of bread and the roasting of meat considerably reduce the amount of lysine and cystine that are available; and after some relatively severe heat processes many of the amino acids are rendered partly unavailable or even destroyed. Nevertheless there is no problem, especially since those communities who are in a position to use processed foods are certain to be plentifully supplied with protein.

Another factor is involved, that of complementation of the amino acids between the various proteins of the different foods in our diet. Individual proteins do show differences in quality, ranging from 1.0 (100% under the older nomenclature) to zero, but this is not true of the diet as a whole (table V). Yellow pea flour has a low biological value of 35 because it is relatively short of methionine, but it does have a surplus of lysine. Maize has a low value of 40 because it is relatively short of lysine, but it does have a surplus of methionine. A mixture of the two foods in equal ratios of protein (two parts of maize to one of pea flour) has a biological value of 70 – close to that of meat, not the expected mean value of 37.5. According to WHO/FAO the biological value of the average western diet, based on cereals, milk and meat, is about 0.8 (80%) while that of the developing countries, based largely on cereals, is as high as 0.7, and only rarely as low as 0.6 (table V).

Since it is necessary to ingest enough amino acids to allow repair of human tissues, account must be taken of both quantity and quality of the dietary protein, as indicated by table VI. So it is possible in the poorer countries, where both quantity and quality may be lower than in the west and where traditional cooking methods may be worse – or better – than

*Table VI.* 'Safe levels' of protein per day in diets of different protein qualities (FAO/WHO 1973 recommendations)

| Age group | Body weight kg | Safe level of protein | | Score adjusted for protein quality | | |
|---|---|---|---|---|---|---|
| | | g/kg | g/day | 80 | 70 | 60 |
| Infants | | | | | | |
| 6–11 months | 9 | 1.53 | 14 | 17 | 20 | 23 |
| Children | | | | | | |
| 1–3 years | 13.4 | 1.19 | 16 | 20 | 23 | 27 |
| 4–6 | 20.2 | 1.01 | 20 | 26 | 29 | 34 |
| 7–9 | 28.1 | 0.88 | 25 | 31 | 35 | 41 |
| Males | | | | | | |
| 10–12 | 36.9 | 0.81 | 30 | 37 | 43 | 50 |
| 13–15 | 51.3 | 0.72 | 37 | 46 | 53 | 62 |
| 16–19 | 62.9 | 0.60 | 38 | 47 | 54 | 63 |
| Adults | 65 | 0.57 | 37 | 46 | 53 | 62 |
| Females | | | | | | |
| 10–12 | 38 | 0.75 | 29 | 36 | 41 | 48 |
| 13–15 | 49.9 | 0.63 | 31 | 39 | 45 | 52 |
| 16–19 | 54.4 | 0.55 | 30 | 37 | 43 | 50 |
| Adults | 55 | 0.52 | 29 | 36 | 41 | 48 |
| Pregnancy | | | | | | |
| Latter half | | | + 9 | +11 | +13 | +15 |
| Lactation | | | +17 | +21 | +24 | +28 |

those of western technology, that quality may be a matter of some consequence, although there is no firm evidence for this. Where it might be a matter of concern is in infant foods, since the infant requires proportionately more protein than the adult and is relying possibly on a single source such as manufactured infant food.

The other area in which protein quality is of importance, in this case of economic importance, is in animal feed. Protein concentrates are the most expensive part of the diet of domestic animals such as pigs and poultry, and the quantity can be reduced if the quality is high enough.

A different problem arises with manufactured foods. Even if, as stated above, there is no likelihood of any protein problem in the developed countries, consumers are becoming aware of food values and require more nutritional information. They ask whether there is any damage to the quality of the protein during processing or, as has certainly already been asked, whether the proteins of meat substitutes made from textured vegetable proteins are 'as good as' meat. Here, even if protein quality is not of great significance, the manufacturer has to be in a position to satisfy such a question. Proper control of processing methods can sometimes avoid damage to proteins, but this, at present, is not a matter of interest to many manufacturers. This situation may change as the consumer makes his demands on the legislators.

Another potential problem arises from changes in processing methods. We are currently witnessing major developments in extrusion cooking processes in which foods are subjected to relatively high temperatures and to shear pressure. This induces depolymerization of proteins as well as of cellulose and starch, and there can even be a reaction between protein and starch which results in the formation of a 'dietary fibrelike' substance. So there is a need to examine such changes in processing methods, especially since some of our traditional foods may be prepared by these unconventional methods.

## *References*

American Medical Association: Handbook of Nutrition; 2nd ed. (Lewis, London 1951).

Bender, A.E.: The amino acid standards for calculating chemical score. Proc. Nutr. Soc. *17:* XXXIX (1958).

Bender, A.E.: Correlation of amino acid composition with nutritive values of proteins. Clinica chim. Acta *5:* 1 (1960).

Bender, A.E.: Meeting protein needs of children, publication No. 843, p. 407 (National Academy of Science, National Research Council; Washington 1961).

Bender, A.E.; Doell, B.H.: Biological evaluation of proteins: a new aspect. Br. J. Nutr. *11:* 140 (1957).

Bender, A.E.; Miller, D.S.: A new brief method of estimating net protein value. Biochem. J. *53:* VIII (1953).

Bender, A.E.; Miller, D.S.; Tunnah, E.J.: The biological value of gelatin. Chem. & Ind., p. 799 (1953).

Block, R.J.; Mitchell, H.H.: The correlation of the amino acid composition of proteins with their nutritive values. Nutr. Abstr. Rev. *16:* 249 (1946).

Department of Health and Social Security: Novel foods (Her Majesty's Stationery Office, London 1980).

McCollum, E.V.: A history of nutrition (Houghton Mifflin, Boston 1957).

Mason, I.D.; Palmer, L.S.: Utilization of gelatine, casein and zein by adult rats. J. Nutr. *9:* 489 (1935).

Mitchell, H.H.; Beadles, J.R.; Kruger, J.H.: The relation of the connective tissue of meat to its protein value in nutrition. J. biol. Chem. *73:* 767 (1927).

Prof. Dr. A.E. Bender, Department of Nutrition, Queen Elizabeth College, University of London, Campden Hill, London W8 7AH (England)

Biblthca Nutr. Dieta, No. 32, pp. 67–76 (Karger, Basel 1983)

# Adipositas: Biologische Anpassung oder gestörte Energietransformation?

*D. Hötzel*

Institut für Ernährungswissenschaft, Universität Bonn, BRD

Unterschiede in der Figur mit Extremen des Körpergewichts sind so alt wie die Menschheit selbst, wenn wir zeitgenössischen Darstellungen Glauben schenken wollen. In Abhängigkeit von Kulturkreis, Zivilisationsstufe, Gesellschaftsform und ästhetischem Empfinden werden mit dem Übergewicht Wohlstand und gesellschaftlicher Einfluss, Charakterstärke, Verhandlungsgeschick und weitere Tugenden assoziiert. Andere Zeitströmungen hingegen sehen den Adipösen als Symbol des Genussmenschen und zügellosen Essers an und nennen ihn bezeichnenderweise «einen Dicken» – im Gegensatz zur stattlichen Figur und der Wohlbeleibtheit als Ausdrucksform anderer Epochen. Rembrandt (Danae, etwa 1650) und vor allem Rubens erblicken in den abgerundeten, ja sogar üppigen Formen das erstrebenswerte Ideal weiblicher Schönheit, während van Dongen etwa 300 Jahre später seiner «Lady in a Black Hat» eine fast ätherische, etwas hochmütige, jedenfalls aber damenhafte Schönheit gibt.

Aus der Sicht der Biologie stellen sich die Dinge sehr viel nüchterner dar. Die Bildung von Körperfett ist das Resultat einer simplen Energiebilanz: Übersteigt die Zufuhr von Energielieferanten mit der Nahrung die Abgabe, dann wird der energetische Überschuss in Form chemischer Energie, nämlich als Körperfett, festgelegt und gespeichert. Wird hingegen die Bilanz negativ, dann muss zum energetischen Ausgleich Körperfett mobilisiert werden. Es erfolgt eine Verminderung des Körpergewichts. Dieser einfache Zusammenhang entscheidet darüber, ob Übergewicht erworben und aufrechterhalten oder ob eine schlanke Figur von Anfang an erhalten bleibt. Es gilt demzufolge unwiderruflich die Gleichung

«Energiebilanz = Zufuhr – Ausgabe».

Die «*Zufuhrseite*» der Energiebilanz erscheint leicht manipulierbar. Durch Anpassung der Nahrungsaufnahme an die energetischen Bedürfnisse ist eine potente Möglichkeit gegeben, jedes gewünschte Körpergewicht einzustellen bzw. zu erhalten. Dazu ist lediglich ein Willensakt erforderlich. In praxi ergibt sich jedoch, dass die Ratio von der Psyche überlagert wird. Essverhalten und Nahrungsmenge werden wesentlich durch «Instinkthandlungen» beeinflusst, wobei nicht zuletzt auch Tradition, Gewohnheiten, orale Reflexbefriedigung, Kummer und Langeweile, aber auch Aussenreize deutliche Signalwirkungen haben. Die individuelle Antwort ist bei diesen komplexen Vorgängen sehr variabel.

Auch auf der «*Ausgabenseite*» sehen die Dinge nur theoretisch einfach aus. Wenn schon die Steuerung der Energieaufnahme mit der Nahrung nicht in gewünschtem Masse funktioniert, dann scheint die energetische Anpassung weiterhin dadurch möglich, dass durch intensive körperliche Tätigkeit der Ausgleich herbeigeführt wird. Die Praxis zeigt, dass auch diese Möglichkeit nur selten realisiert wird. Der hohe Anteil von Übergewichtigen ist der Beweis dafür: In Industriestaaten sind 30–50% der erwachsenen Bevölkerung mehr oder weniger dick. Der weitgehende Misserfolg bei der Bilanzierung des Energiehaushaltes durch Bewegungstherapie wird etwas sarkastisch wie folgt zum Ausdruck gebracht: «Die einzige Bewegung, die nach praktischer Erfahrung zur Normalisierung des Körpergewichts beiträgt, ist die, dass man vom Tisch aufsteht, sobald das Essen aufgetragen wird.»

Ein auffälliges Phänomen des Energiestoffwechsels stellt die *Wärmebildung* dar. Seit langer Zeit beschäftigen sich die Physiologen mit dieser Erscheinung. Bereits zu Ende des vorigen Jahrhunderts erkannte *Rubner* mit technisch unvollkommener, aber phantasiereicher Versuchsanstellung, dass enge Zusammenhänge zwischen Nahrungsaufnahme und Wärmebildung bestehen. Daraus entstand das Konzept der spezifisch-dynamischen Wirkung, die sehr zutreffend auch als Extrawärme bezeichnet wurde. Nach langer Zeit weitgehender experimenteller Ruhe beschäftigt uns heute der gleiche Vorgang erneut.

Welche Mechanismen spielen bei der «alimentär induzierten Thermogenese» eine Rolle? Im Verlauf des Stoffwechsels werden hohe Energiemengen umgesetzt. Dabei entstehen unvermeidbar Transformationsverluste, die in Form von Wärme frei werden. Die gebildete Wärmemenge wird zur Aufrechterhaltung der Körpertemperatur genutzt. Wenn sie nicht ausreicht, kann in gewissem Umfang zusätzlich Wärme produziert werden. Überschüssig gebildete Wärme hingegen wird über ein vielschichtiges Regulationssystem im Sinne der Gewährleistung der Konstanz der Körpertempe-

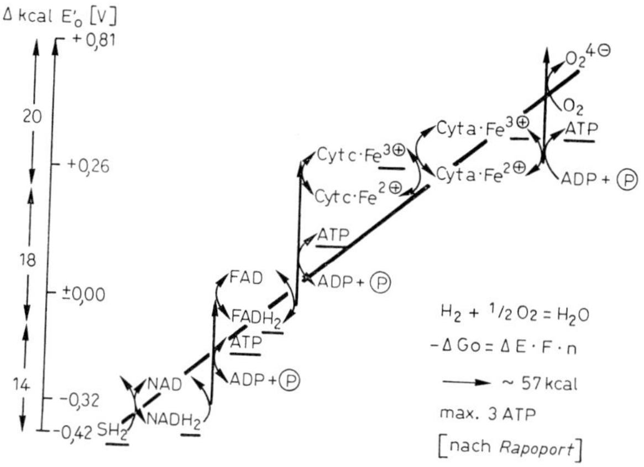


*Abb. 1.* Elektronentransport und ATP-Gewinn.

ratur abgegeben. Hier werden die Zusammenhänge für die Ernährungsphysiologie ebenso wie für die Angewandte Ernährungswissenschaft interessant.

Der primäre Energiegewinn im Organismus erfolgt bekanntlich im Prinzip durch Überführung von Substraten mit hoher Entropie in Metaboliten, die deutlich energieärmer sind. Dabei entstehen bevorzugt – den physikochemischen Gesetzen entsprechend – Wasser und Kohlendioxid neben Harnstoff. Die dabei freigesetzte Energie wird in Form von energiereichen Phosphaten, nämlich ATP, aufgenommen und als leicht verfügbare Energie bereitgehalten. Dabei gilt der erste Hauptsatz der Thermodynamik von der Erhaltung der Energie, eine Gesetzmässigkeit, die von Übergewichtigen gern in Frage gestellt wird.

Die Freisetzung von Energie verläuft im Organismus aus ersichtlichen Gründen über zahlreiche Zwischenstufen. Kohlendioxid entsteht im Organismus des Menschen nicht durch Oxidation von Kohlenstoff, sondern durch intramolekulare Umlagerungen. Der eigentliche Energiegewinn wird durch Freilegung von Wasserstoff aus den Substraten eingeleitet. Dann wird der Wasserstoff über die sogenannte Atmungskette dem Sauerstoff entgegentransportiert. Der Elektroneneinfluss erfolgt nicht kontinuierlich mit stetigem Energiegewinn. Vielmehr treten drei Potentialsprünge auf, bei denen jeweils freie Energie entsteht, die über einen komplizierten Mechanismus in Form von ATP eingefangen wird. In dieser Form steht sie als chemisch gebundene Energie zur Verfügung. Formalchemisch entspricht dieser Vorgang der Knallgasreaktion, wobei im Optimalfall auf molarer Basis knapp 60 kcal frei werden bzw. aus 2 Wasserstoff 3 ATP entstehen (Abb. 1).

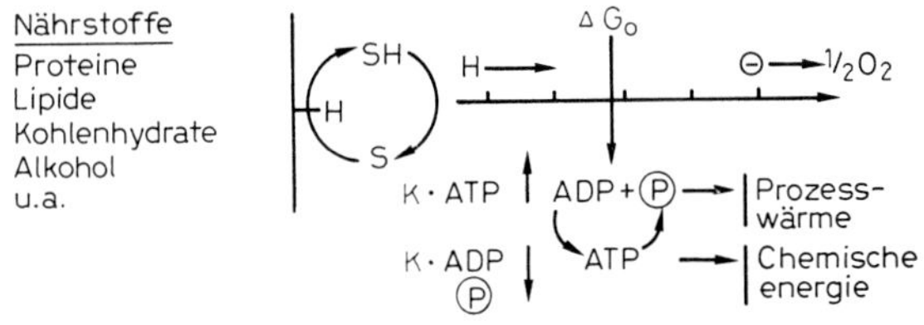


Massenwirkungsgesetz:

$$\frac{[NADH_2] \cdot [FAD] \cdot [ADP] \cdot [Ⓟ]}{[NAD] \cdot [FADH_2] \cdot [ATP]} = K$$

*Abb. 2.* Phosphorylierung der Atmungskette [nach *Hötzel*, 1981].

Die Energietransformation verläuft nicht quantitativ, soweit es um die Bildung von ATP geht, obwohl natürlich die gesamte Energiemenge immer äquivalent bleibt. Die Ausbeute an ATP erreicht im Normalfall lediglich 40%. Im Durchschnitt werden also 60% der freien Energie bei der ATP-Produktion als «Prozesswärme» der chemischen Bindung entzogen.

Molekularbiologische Darstellungen verdecken die Dynamik derartiger Systeme. Im Normalfall werden nach einer Berechnung von *Krebs* 150 mol ATP täglich gebildet. Das entspricht etwa 75 kg, also in der Grössenordnung dem Körpergewicht. Derartige ATP-Konzentrationen sind jedoch nicht tolerabel, wie unmittelbar einleuchtet. Der Organismus vermeidet sie durch eine Feinsteuerung, die eine bedarfsgerechte ATP-Regeneration sicherstellt, und durch rasanten Umsatz. Die Ökonomie ist programmiert.

Bei der mehr oder weniger dichten Kopplung der Atmungskettenphosphorylierung liegen wesentliche Möglichkeiten für eine Steigerung: Wenn relativ viel Netto-ATP entsteht, wird der Anteil an Prozesswärme automatisch kleiner. Man spricht dann von einer engen oder dichten Kopplung der Atmungskettenphosphorylierung. Diese Situation strebt der Organismus an. Wird hingegen – bezogen auf die Intensität des Elektronenzuflusses – die Netto-ATP-Synthese kleiner, dann handelt es sich um eine Entkopplung, die unter anderem durch relativ hohe Wärmeproduktion gekennzeichnet ist. Wärme kann aber, als physikalische Energie, im Organismus des Menschen nicht wieder zurückverwandelt werden. Sie geht für den Stoffwechsel verloren.

Zur Erklärung der Steuergrössen kann das Massenwirkungsgesetz herangezogen werden (Abb. 2). Es ergibt sich beispielsweise, dass ein Konzentrationsanstieg von ATP das $NADH_2$:NAD-Verhältnis zugunsten von $NADH_2$ verschiebt. Damit sinkt die Wasserstofffreisetzung und -weitergabe aus dem Substrat. Der Elektronenstrom wird vermindert. Es müssen derartige und weitere Hemmschwellen postuliert werden, die den Elektronenfluss steuern und über eine Rückkopplung dafür sorgen, dass die Intensität der Energiegewinnung nicht allein vom Angebot an Substrat abhängig ist. Ohne diese Regulation wäre das Problem der Übergewichtigkeit gelöst. Allerdings hätte die Menschheit dann auch nicht überlebt. Das System wäre energetisch «ausgelaufen», als Wärme verpufft.

Um Nahrungsenergie zu verschwenden, muss die Phosphorylierung der Atmungskette also möglichst weitgehend entkoppelt werden. Bei dieser Zielsetzung ist es somit zunächst erforderlich, den Durchfluss von Elektronen zu intensivieren und die Hydrolyse von ATP zu beschleunigen. Diese Situation stellt keine physiologischen Besonderheiten dar. Der intakte Muskel ist in der Lage, seine «Atmung» etwa auf das 100fache des Ruhestoffwechsels zu steigern. Der Mechanismus beruht darauf, dass ATP verbraucht und ADP und P gebildet werden. Um eine «Energieverschwendung» herbeizuführen, ist es folgerichtig erforderlich, die Gleichgewichtskonstante zwischen ADP + P einerseits und ATP andererseits so zu verschieben, dass es zu einer erhöhten Totalsynthese von ATP bei verminderter Nettosynthese kommt. In dieser Richtung wirken Entkoppler. Als Konsequenz ihrer Anwendung treten nur geringe Netto-Ausbeuten an chemischer Energie bei hoher Bildung von Wärme auf; die Transformationsverluste werden hoch.

Als Entkoppler wirken eine Reihe von Substanzen, wobei allerdings die Angriffspunkte an unterschiedlichen Stellen gelegen sind. Ohnehin erfolgt die ATP-Produktion auf sehr viel komplizierteren Wegen als bisher beschrieben und es muss eine «Architektur» postuliert werden. Prominenter Vertreter von Entkopplern ist 2-4-Dinitrophenol, das als Nebenprodukt bei der Herstellung von Sprengstoff anfällt. Man wurde auf den Effekt des Dinitrophenol übrigens während des 2. Weltkriegs in Deutschland aufmerksam, als gewerbetoxikologische Gesichtspunkte nicht mehr genügend berücksichtigt wurden. Dinitrophenol führte bei exponierten Arbeitern zu Fieber und schliesslich zu schwerwiegenden Intoxikationen. Die Anwendung von Dinitrophenol als «Abmagerungsmittel» verbietet sich jedoch wegen des hohen toxischen Risikos. Immerhin zeigt sich hier ein Weg. Weitere Entkoppler sind bekannt. Grundsätzlich ist jede Substanz geeignet, die eine direkte oder mittelbare «Zwangshydrolyse» von ATP bewirkt, wenn sie möglichst frei ist von unerwünschten Nebenwirkungen bei den in Frage stehenden Dosierungen. Beim gegenwärtigen Stand des Wissens könnte Ephedrin noch am ehesten dazu herangezogen werden, die Produktion von Extrawärme zu erhöhen.

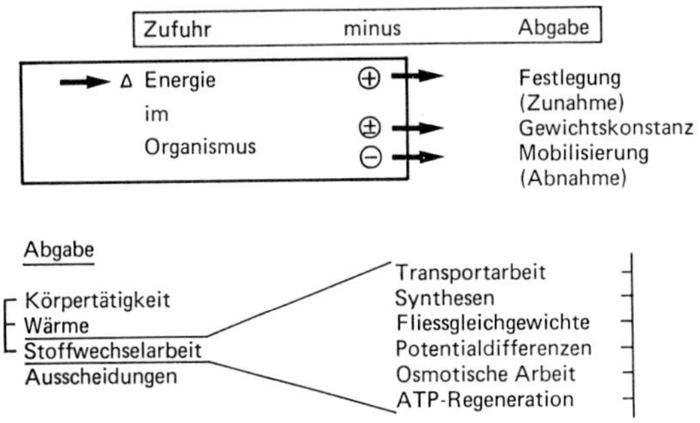


*Abb. 3.* Energiebilanz und Stoffwechselarbeit.

Interessant und möglicherweise praktisch bedeutsam ist Thyroxin. Es beeinflusst nicht nur die Kopplung der Atmungskettenphosphorylierung, wozu allerdings hohe Dosen erforderlich sind, sondern es greift auch in andere energieverbrauchende Prozesse ein. In diesem Zusammenhang sind beispielsweise die intramitochondriale $\alpha$-Glyzerophosphatdehydrogenase, aber auch die Aktivierung des Protein-Aminosäure-Stoffwechsels und die Intensivierung der Kalium-Natrium-Pumpe zu nennen. Bedeutsam ist auch die $T_4$-Wirkung auf die Lipolyse, wobei weiterhin der freie-Fettsäuren-Triglyzerid-Reveresterungszyklus in die Betrachtung einbezogen werden muss. Derartige energieverbrauchende und wärmeproduzierende Vorgänge werden nachfolgend im Zusammenhang mit den sogenannten «useless cycles» diskutiert. Die praktische Relevanz der Wirkung von Schilddrüsenhormonen ergibt sich daraus, dass die Versorgung mit Jod weitverbreitet marginal und häufig sogar defizitär ist.

Wie aus den vorhergehenden Bemerkungen bereits abzuleiten ist, besteht eine Reihe von Reaktionsfolgen im intermediären Stoffwechsel, die energieverbrauchend sind und bei deren Ablauf in mehr oder weniger grossem Umfang Prozesswärme entsteht. Die Einzelvorgänge können unter dem Begriff Stoffwechselarbeit zusammengefasst werden. In Abbildung 3 sind die wesentlichen Funktionen bzw. Prozesse zusammengestellt. Jede Massnahme, die zu einer Intensivierung der genannten Funktionsabläufe führt, bedingt zusätzliche Bildung von Prozesswärme.

Die sogenannten «sinnlosen» Zyklen erhöhen in besonderem Masse die ohnehin auftretenden Transformationsverluste. Allerdings sind sie biologisch durchaus sinnvoll, sie scheinen nur aus energetischer Sicht widersinnig zu sein. Zur Erläuterung des Prinzips ist die Reaktion Dihydroxyaceton-

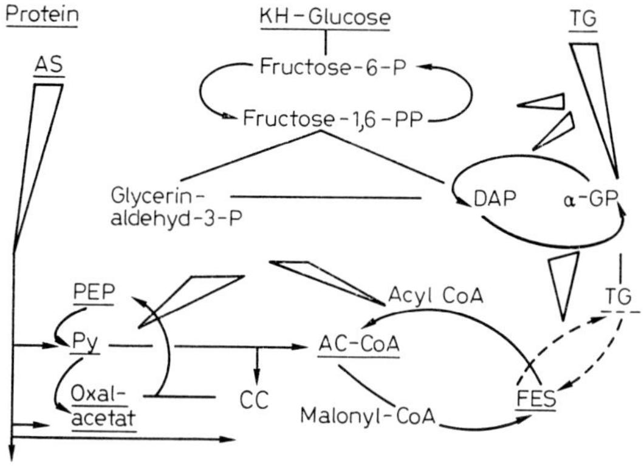


*Abb. 4.* «Useless cycles» (schematisiert) [nach *Hötzel*].

phosphat ⇌ α-Glyzerophosphat geeignet. Dieser DAP-α-GP-Kreislauf, der bereits im Zusammenhang mit der Wirkung von Schilddrüsenhormonen erwähnt wurde, hat mehrere biologische Funktionen. Eine wesentliche Aufgabe ist, dass durch das Substratpaar DAP-α-GP Wasserstoff aus der NAD-Bindung vom extramitochondrialen Raum in die Mitochondrien transportiert wird. Dabei wird ATP verbraucht, und es entsteht in grösserem Umfang Prozesswärme. Fluginsekten benutzen bei kühlen Temperaturen diesen «Ofen», um diejenige Wärmemenge zu produzieren, die für die im Minimum erforderliche Starttemperatur ausreicht. Der DAP-α-GP-Kreislauf ist nicht zuletzt deshalb zu Gewinnung von Wärme besonders geeignet, weil zuzüglich zur «Transportarbeit» die Elektronen erst später in die Atmungskette eingeschleust werden, damit den ersten ATP-Gewinnungsschritt überspringen und dementsprechend statt 3 nur 2 mol ATP liefern. Interessanterweise steht das α-Glyzerophosphat in Verbindung mit der Lipogenese, woraus sich der Anschluss an weitere energieverschwendende Prozesse ergibt. Nicht zuletzt können über diesen Mechanismus auch freie Fettsäuren entstehen, die ihrerseits die Atmungskettenphosphorylierung entkoppeln können, so dass ein regelrechtes System der Energieverschwendung gebildet wird. Eine schematische Übersicht über die Stellung von «useless cycles» gibt Abbildung 4.

Es erhebt sich nunmehr die begründete Frage, ob bei der Entstehung von Übergewicht die Unfähigkeit bestimmter Menschen eine Rolle spielt, adaptativ Energie verschwenden zu können. Die Übergewichtigen glauben gerne an diese Hypothese, und tatsächlich gibt es einige Hinweise, dass sie zu Recht aufgestellt wurde.

Bei thermographischen Aufnahmen wurden 2 Versuchspersonen, die sich in der Grösse kaum, hingegen deutlich im Körpergewicht unterscheiden, untersucht. Der eine Proband befindet sich nach dem Broca-Index im Bereich des Idealgewichts (187 cm, 70 kg), während die andere thermographierte Versuchsperson ein Körpergewicht aufweist, das die Idealvorstellungen um 40% übersteigt. Es ergibt sich, dass die schlanke Versuchsperson bereits bei Nahrungskarenz eine höhere Wärmeabstrahlung aufweist als der Übergewichtige. Während dann bei der schlanken Versuchsperson unter dem Einfluss einer Testmahlzeit die Wärmeabgabe deutlich ansteigt, tritt bei dem Adipösen nur eine geringfügige Veränderung auf, die allerdings etwas länger anzuhalten scheint. Auf den ersten Blick wirken diese Ergebnisse überzeugend.

Tatsächlich ist allerdings speziell bei dieser Fragestellung (Umfang der Thermogenese) die Thermographie mit zwei Fehlern behaftet: Einmal gibt der Dicke aufgrund der Wärmeisolation durch das ausgeprägte subkutane Fettgewebe weniger Energie ab als ein schlanker Mensch, der an der Körperoberfläche weniger gut isoliert ist. Weiterhin wird bei der Thermographie nicht erkannt, wie hoch die Energiemengen sind, die als Verdunstungskälte verbraucht werden. Hingegen lässt sich aus thermographischen Untersuchungen dieser Art eindeutig ableiten, dass Adipöse weniger Energie in Form von Wärme abstrahlen als gewichtsideale Vergleichspersonen. Auch die spezifisch-dynamische Wirkung wird bestätigt, wobei der schnelle Wirkungseintritt überrascht.

In der Vergangenheit war die Fähigkeit, Energie ökonomisch verwerten und als Körperfett speichern zu können, ein lebensrettender Mechanismus im Hinblick auf die häufig auftretenden Hungersnöte. Immerhin würde das Fettpolster unserer übergewichtigen Versuchsperson ausreichen, um bei sparsamer Bewirtschaftung 3 Monate ohne Nahrungsaufnahme überleben zu können. In diesem Zusammenhang ist von Bedeutung, dass die tatsächliche Überlebenszeit noch deutlich länger ist.

Der menschliche Organismus ist durchaus in der Lage, bei Energieknappheit den Energiestoffwechsel sehr weitgehend zu ökonomisieren, wobei verschiedene Sparschaltungen und -mechanismen einspringen. In dieser Situation wird der Grundumsatz (Bereitschaftsumsatz) deutlich vermindert, nämlich bis in die Nähe des Erhaltungsumsatzes, der definitionsgemäss nicht mehr unterschritten werden kann. Die maximale Einsparung liegt (prämortal) bei etwa 70% des Grundumsatzes. Bei einer experimentellen Untersuchung führte die Reduktion der Energieaufnahme um 50% zu einer Senkung des Grundumsatzes um 30% und zu einer Verminderung des Energieumsatzes pro Kilogramm Körpergewicht von 20%.

Die Fähigkeit, bei Nahrungsmangel Energie einsparen zu können, erhöht die Überlebenschancen in Hungergebieten. In Industriestaaten führt sie bei Übergewichtigen zur Enttäuschung, wenn (nach guten Anfangserfolgen bei einer Reduktionskost) entsprechende Adaptationsmechanismen zu greifen beginnen und die Abnahmen vermindern. Bei zweckmässiger Zusammenstellung einer Reduktionskost gelingt es aber *immer*, Körperfett zu mobilisieren.

Während also regelmässig bei Reduktion der Energieaufnahme der Energieverbrauch in gewissem Umfang eingeschränkt wird, ist offensichtlich der grössere Teil der Bevölkerung nicht dazu fähig, energetische Überschüsse zu kompensieren. Dazu ist lediglich der «schlechte Futterverwerter» in der Lage, der angeblich oder tatsächlich ohne Auswirkungen auf das Körpergewicht «Luxuskonsumption» praktizieren kann. Entwicklungsgeschichtlich wäre der «Energieverschwender» als «Minusvariante» zu bezeichnen, der dem sicheren Tod ausgeliefert war, wenn Hungersnöte auftraten.

Heutzutage ist die Fähigkeit, überschüssige Energie als Körperfett speichern zu können, in Industriestaaten unerwünscht. Es ist damit erforderlich, alle gegebenen Möglichkeiten wahrzunehmen, die dazu beitragen, das Körpergewicht zu normalisieren. In diesem Bereich hat ohne Zweifel auch die Thermogenese Bedeutung. Unsere Kenntnisse über die Zusammenhänge reichen jedoch nicht aus, um gezielt die Bildung von Prozesswärme für eine drastische Gewichtsreduktion auszunutzen. Es lassen sich aber einige allgemeinere Vorschläge ableiten:

Voraussetzung für einen optimalen Ablauf des Energiestoffwechsels ist eine ausreichende Versorgung insbesondere mit solchen Nährstoffen, die Bestandteile von Enzymen und Regulationssystemen sind. Ich nenne hier beispielhaft B-Vitamine und Jod. Die Enzymanteile NAD und FAD, welche die ersten Schritte des Wasserstofftransports bewerkstelligen, arbeiten beispielsweise mit Niacin bzw. Riboflavin. Bei suboptimaler Versorgung ist nicht damit zu rechnen, dass ein schneller Elektronentransport abläuft. Damit sind die Voraussetzungen zur Bildung grösserer Mengen von Prozesswärme vermindert.

Bedeutsam ist in dieser Hinsicht auch Biotin, das unter anderem Bestandteil der Pyruvat- und der Azetyl-CoA-Carboxylase ist. Bei einem relativen Mangel an Biotin werden dementsprechend die Regeneration von Oxalacetat ebenso wie die Biosynthese von Malonyl-CoA reduziert, wie wir tierexperimentell zeigen konnten. Dadurch werden gleich zwei Lieferanten von Extrawärme betroffen, nämlich der Oxalacetat-Py-PEP-Kreislauf und das AC-CoA-FFS-System, aber auch der Zitrat-Zyklus als Hauptlieferant von Wasserstoff für die «Endoxidation».

Die Schilddrüsenhormone haben eine zentrale Stellung bei der Steuerung der Intensität des Stoffwechsels, nicht zuletzt bei thermogenen Prozessen. Die Biosynthese von $T_3$ und $T_4$ wird bei suboptimaler Zufuhr durch die verfügbare Jodmenge limitiert. Jodmangel unterschiedlichen Ausmasses ist aber weltweit verbreitet und kommt auch in der Bundesrepublik Deutschland gehäuft vor. Es liegt die Überlegung nahe, Beziehungen zwischen Jod und Übergewicht herzustellen. Systematische Untersuchungen mit eindeutigem Ergebnis wurden zu dieser Frage jedoch bisher nicht durchgeführt. Es kann aber an Tierversuche erinnert werden, bei denen nach Injektion von Thyreoglobulin der Verbrauch an Sauerstoff sprunghaft ansteigt, und das Körpergewicht – nach kurzer Latenzzeit – entsprechend sinkt. Der Vollständigkeit halber sei noch erwähnt, das eine generelle Erhöhung der Leistungsbereitschaft nachhaltig Energie verbraucht, die für die Schaffung und Aufrechterhaltung von Potentialdifferenzen benötigt wird. Dabei wird Extrawärme frei.

Teilfragen der Thermogenese können relativ gut beantwortet werden. Für eine praktische Nutzanwendung sind jedoch hinreichende Einblicke in Wechselbeziehungen und Einflussgrössen erforderlich. Insbesondere fehlt es an quantifizierbaren Aussagen. In diesem Bereich kann die Biochemie einen wichtigen Beitrag leisten. Weitergehende Erkenntnisse sind zu erwarten durch die planmässige Anwendung der direkten Personenkalorimetrie, möglichst in Kombination mit indirekten Verfahren und abgestützt durch gezielte biochemische Untersuchungen.

Prof. Dr. D. Hötzel, Institut für Ernährungswissenschaft,
Endenicher Allee 11–13, D-5300 Bonn (BRD)